Fachbücher für Fortbildung & Studium

FFS 14

www.fhs-verlag.de

Dr. Holger Stöhr

F.I.T. zur IHK-Prüfung in Betriebliches Management

Handlungsspezifische Qualifikationen für Wirtschaftsfachwirte

DIHK-Rahmenplan: Fach Nr. 5

www.fhs-verlag.de Fachbuchverlag Holger Stöhr

Zum Autor:

Dr. Holger Stöhr, Diplom-Volkswirt (Univ.)

Bisher sind u. a. die folgenden Titel des gleichen Autors erschienen:

- **F.I.T. zur IHK-Prüfung in Investition, Finanzierung, Kostenrechnung & Controlling:** Handlungsspezifische Qualifikationen für Wirtschaftsfachwirte, Würzburg 2017, **ISBN 978-3-943743-14-2**
- **F.I.T. zur IHK-Prüfung in Logistik:** Handlungsspezifische Qualifikationen für Wirtschaftsfachwirte, Würzburg 2017, **ISBN 978-3-943743-15-9**
- **F.I.T. zur IHK-Prüfung in Unternehmensführung:** Wirtschaftsbezogene Qualifikationen für Industriefachwirte, Technische Fachwirte und Wirtschaftsfachwirte, 2. Auflage, Würzburg 2017, **ISBN 978-3-943743-17-3**

Bibliografische Informationen der Deutschen Bibliothek
Die Deutsche Bibliothek verzeichnet diese Publikation in der Deutschen Nationalbibliografie; detaillierte bibliografische Daten sind dem Internet über http://dnb.ddb.de abrufbar.

ISBN 978-3-943743-19-7

1. Auflage

Druck: Laserline, Berlin

Fachbuchverlag Holger Stöhr (FHS)
Internet: www.fhs-verlag.de

Inhaltsverzeichnis

Vorwort

Dieses Fachbuch zum Prüfungsfach »**Betriebliches Management**« ist am aktuellen Rahmenstoffplan der Prüfung »**Handlungsspezifische Qualifikationen**« für den IHK-Lehrgang »**Wirtschaftsfachwirt/-in**« ausgerichtet.

Wer in eine Prüfung geht, ist oft nicht angemessen vorbereitet und dies, obwohl er oder sie regelmäßig an Lehrgängen teilgenommen hat und die dazugehörigen Bücher oder Skripte gelernt hat. Was fehlt, ist der letzte Schliff. Zum Ende der Vorbereitung muss nochmals alles auf den Punkt gebracht werden. **Für die Erstellung eigener Zusammenfassungen fehlt oft die Zeit.** Es fehlen Tipps zur Vorgehensweise in der Prüfung. Korrekturen von Prüfungen zeigen immer, wie viele Punkte unnötig vergeudet werden. Zudem sollten zur Übung noch Prüfungen simuliert werden.

Zu diesem Zweck baue ich auf ein dreigleisiges Verfahren (**F.I.T.**):

- **Zusammenfassungen:** Zunächst wird der Inhalt/Stoff des Fachs kurz und verständlich zusammengefasst (Inhalte in Form von Zusammenfassungen).
- **Fragen:** Zur Prüfungsvorbereitung sind in Anhang A zwei Prüfungssimulationen enthalten (je 40 Pt.), die exakt auf dem Niveau der realen Prüfungen sind – vom Schwierigkeitsgrad, der Punkte- und der Stoffverteilung. Dazu werden in Anhang B ausführliche und klare Lösungen geliefert (Fragen/Aufgaben mit Lösungen)
- **Tipps:** Schließlich sollen Ihnen zahlreiche Tipps und Hinweise in der Zusammenfassung sowie in Anhang C die Prüfung erleichtern (Tipps zur Fehlervermeidung).

Zudem fühlt man sich unsicher, was nun wichtig ist, und was weniger. Zur besseren Einordnung, inwiefern welcher Stoff **prüfungsrelevant** ist, sind zwei hilfreiche Aspekte eingebaut: (A) Zu jedem Kapitel, Unterkapitel etc. wird die Prüfungsrelevanz in 3 Stufen gemäß IHK-Rahmenstoffplan am rechten Rand mit einem Marker angegeben:

1. Die erste Stufe bezieht sich auf einfachen Lernstoff. Hier werden nur **Kenntnisse** in Form von Definitionen, Auflistungen usw. erwartet. Als Symbol dient die Diskette.
2. Die zweite Stufe bezieht sich auf das **Verständnis** von Zusammenhängen und komplexeren Sachverhalten und deren Erläuterung. Als Symbol dient der kreisende Pfeil.
3. Die dritte Stufe steht für gelerntes und verstandenes Wissen, das in Form von Fallbeispielen, Übungen und Rechnungen **Anwendung** findet. Als Symbol dient der Taschenrechner.

(B) Zu jedem Kapitel bzw. Unterabschnitt wird in einer kleinen Tabelle am rechten Rand (etwas nach unten versetzt) detailliert dargestellt, in welchen vergangenen Prüfungen dieser Stoff in welcher Aufgabe und mit welcher Punktezahl abgefragt wurde. Diese Zuordnung gilt immer für den gesamten Bereich der Zwischenüberschrift bzw. des Teilkapitels (siehe Abbildungen der Innenseiten des Umschlags).

Natürlich können auf so knappem Raum nicht alle Themen ausführlich dargestellt werden. Stattdessen werden hier Zusammenfassungen geboten, die Ihnen ein schnelles Lernen und eine Einschätzung der Prüfungsrelevanz der Themen gewähren. Dabei wurden die bisherigen IHK-Prüfungen berücksichtigt (Stand: Juli 2017).

Ich wünsche Ihnen viel Spaß mit diesem Fachbuch und viel Erfolg beim Bestehen Ihrer Prüfung.

Dr. Holger Stöhr
Oberstdorf im Juli 2017

Zur Prüfung

Bei diesem Fach stehen die Masse des zu lernenden Wissens und dessen situationsbezogene Anwendung im Vordergrund:

- **IHK-Prüfung**: Wirtschaftsfachwirte, »Handlungsspezifische Qualifikationen«, Situationsaufgabe I – davon ca. 40 Prozent.
- **Zeit**: ca. 40 % von 240 Minuten ≈ 100 Minuten.
- **Hilfsmittel**: Taschenrechner.
- **Probleme**: 1. Der Zeitfaktor könnte ein großes Problem werden. Zumal viele Prüflinge bei einzelnen Fragen zu viel bzw. zu wenig schreiben. Bei »Nennen ...« wird zu viel, bei »Erläutern ...« zu wenig geschrieben. 2. Die Masse des Stoffs und die oftmals ähnlich klingenden Begriffe laden zur Verwirrung ein. 3. Vielen Prüflingen fällt es schwer, gelerntes Wissen den gestellten Fragen zuzuordnen 4. Die Anwendung von Wissen in Situationsaufgaben dürfte häufig schwieriger sein, als reine Wissensabfragen zu beantworten.
- **Lösungsstrategien**: 1. Konzentrieren Sie sich auf die Aufgaben und Ihr vorhandenes Wissen. Lesen Sie die Aufgaben ganz genau. Dazu sollte natürlich entsprechendes Wissen vorhanden sein. Das erforderliche Wissen können Sie in den folgenden Kapiteln nochmals kurz wiederholen. 2. Üben Sie anhand von alten Prüfungen und den beiden Prüfungssimulationen in Anhang A die Lösung von wissensorientierten und situationsbezogenen Aufgaben und bekommen Sie ein Gespür dafür, was erwartet wird.

Wichtige Hinweise:

1. Der IHK-Rahmenstoffplan (RSP) der folgenden drei Punkte ist etwas wirr, sich überschneidend und nicht zusammenhängend:

- RSP 4: **Unternehmensführung** für WQ
- RSP 5: **Betriebliches Management** für HSQ
- RSP 9: **Führung & Zusammenarbeit** für HSQ.

Da sich die Bücher dieser F.I.T.-Reihe sehr eng am RSP halten, ergeben sich zwangsläufig ähnliche Folgen.

2. Dies zeigt sich bspw. im 2. Kapitel. Dort werden einige Elemente des Prüfungsfachs »Unternehmensführung« (Prüfungsteil: »Wirtschaftsbezogene Qualifikationen«) vorausgesetzt, die in meinem Fachbuch »F.I.T. zur IHK-Prüfung in Unternehmensführung« (ISBN 978-3-943743-17-3) behandelt werden und hier nicht nochmals vollständig wiederholt werden können.

1 Betriebliche Planungsprozesse

1.1 Betriebliches Zielsystem

Zielsystem

- Zuoberst stehen die **Visionen**, die für eine langfristige Ausrichtung an einem idealen Zustand der Zukunft stehen (»Leitstern«, bspw. Markführerschaft).
- Die (Unternehmens-) **Mission** beschreibt den Auftrag und die Aufgaben des Unternehmens (bspw. Veröffentlichung von Fachbüchern).
- Als **Unternehmensphilosophie** werden die **Normen** und **Werte** (positive, erstrebenswerte Eigenschaften) bezeichnet, die dem Verhalten der Führungskräfte und Mitarbeiter zugrunde liegen **sollten** (bspw. Kundenorientierung, freundlicher Umgang und angenehme Atmosphäre, soziale und ökologische Verantwortung).

Unternehmensleitbild

H 2009 I: A5, 12 Pt.
H 2014 I: A1a-c, 12 Pt.

- Aus der Vision, der Mission und der Unternehmensphilosophie (bzw. den Normen und Werten) wird das **Unternehmensleitbild** abgeleitet, das Verhaltensgrundsätze nach innen und außen für das Management und die Mitarbeiter beinhaltet **(Soll-Zustand)**.
- **Vorteile**: Identifikation, Image, Abgrenzung von Konkurrenten.
- **Nachteile**: wenn Mission, Vision und Werte nicht übereinstimmen, ggf. unrealistisch, überambitioniert, unglaubwürdig und dann demotivierend.
- Zu den **Funktionen/Aufgaben** von Leitbildern zählen: Orientierung, Integration, Koordinierung, Motivation, Entscheidung, Signal nach außen setzen und Transparenz.

Orientierungsfunktion, Motivationsfunkt., Vermittl. informat. Werte

1

- **Leitsätze/Grundsätze eines Unternehmensleitbilds:**
  - Kunden- und Mitarbeiterorientierung
  - Respekt, offene Kommunikation und Meinungsvielfalt
  - Betriebsklima optimieren, Integration von Mitarbeitern
  - aus Fehlern soll für die Zukunft gelernt werden
  - konsequent klare Ziele und Strategien formulieren
  - Führungskräfte müssen Potenzial der Mitarbeiter entwickeln
- Schließlich lassen sich aus dem Unternehmensleitbild **konkrete operative, taktische und strategische Ziele** ableiten, die für einzelne Bereiche kurz-, mittel- und langfristig formuliert werden können.
- Das Unternehmensleitbild sollte von der Unternehmensführung in Zusammenarbeit mit den Mitarbeitern und Außenstehenden erarbeitet werden und eben nicht nur »von oben« verordnet werden.

Zielpyramide und konkrete Ziele

F 2010 I: A1a, 5 Pt.
H 2010 I: A1a, 3 Pt.
F 2012 I: A1a, 4 Pt.

Aus Zielen lassen sich Unterziele ableiten. Zu den Zielen und deren konkreten **Unterzielen** zählen in einem Unternehmen bspw. (das hängt von der Fallbeschreibung ab):

- Kostenziele: günstigerer Materialeinkauf
- Umsatzziele: Ausbau der Marktanteile bei bestimmten Produkten
- Gewinnziele: Kosten- und Umsatzziele
- Imageziele: Erhöhung des Images bei jungen Käufern
- Qualitätsziele: Fehlerminimierung in der Fertigung

Zielmessbarkeit

- **qualitative Ziele** sind grundsätzlich nicht-messbare Ziele, wie bspw. Imagesteigerung oder Verbesserung des Betriebsklimas. Die Zielerreichung kann nur schwer kontrolliert werden.

- **quantitative Ziele** sind grundsätzlich messbare Ziele, wie Umsatzsteigerung oder Gewinnmaximierung. Zwar mag es hier auch Probleme bei der Erfassung geben, aber grundsätzlich sind solche Ziele quantifizierbar, d. h. in Zahlengrößen darstellbar.

- **monetäre Ziele** lassen sich in Geldeinheiten ausdrücken (bspw. Umsatzsteigerung in EUR oder USD)

- **nicht-monetäre Ziele** können nicht in Geldeinheiten benannt werden (bspw. Imagesteigerung). Nicht-monetäre Ziele können aber durchaus quantitativ sein – bspw. Erhöhung der Produktionsmenge.

• bonitär – sozial / ökologisch

Zielbeziehungen

F 2010 I: A1b, 4 Pt.
H 2010 I: A1b, 2 Pt.

Sofern es mehr als ein Ziel gibt, bestehen Beziehungen zwischen diesen Zielen. Es lassen sich die folgenden **Zielbeziehungen** unterscheiden:

- **Zielkomplementarität** (Zielharmonie bzw. komplementäre Ziele): Ziele ergänzen sich gegenseitig und können gleichzeitig erreicht werden (bspw. Umsatz- und Gewinnsteigerung).

- **Zielkonkurrenz** (Zielkonflikt): Ziele können nicht zugleich erreicht werden (bspw. Maximierung von Rendite und Liquidität). Gerade dieser Fall der Zielkonflikte bedarf besonderer Aufmerksamkeit.

- **Zielneutralität** (Zielindifferenz): Die Ziele sind unabhängig voneinander (bspw. Mitarbeiterzufriedenheit und Umweltschutz). Dieser Fall ist eher unrealistisch, da indirekt zumeist alle Ziele voneinander abhängen – vor allem aufgrund der Kosten.

- **Zielidentität**: Die Ziele sind identisch, nur anders formuliert (bspw. Umsatzsteigerung und Erhöhung der Erlöse).

1

Zielbildungsprozess

Zwar gibt die Geschäfts[illegible] die (strategischen) Ziele vor, jedoc[illegible] Ziele in unteren Hierar[illegible] strukturierter Zielbildu[illegible] Schritte enthalten könnt[illegible]

- **Zielsuche**: mittels Br[illegible] 4.2.2)
- **Zielsammlung**: mittels Moderation Ziele [illegible] fassen
- **Zielauswahl**: mittels Diskussion und Abstimmung Ziele [illegible]
- **Zieldurchsetzung**: mittels Diskussionen die [illegible] triebsrat bedenken) von der Zielwahl überzeugen
- **Zielkontrolle**: mittels Diskussion oder Workshops [illegible] Kontrolle der Ziele erarbeiten

SMART-Formel

Ziele sollten allgemein [illegible] Anforderungen genügen:

- **S** (spezifisch) → kon[illegible]
- **M** (messbar) → Ziele müssen messbar und kontrollierbar sein
- **A** (akzeptiert/anspruchsvoll) → attraktives und akzeptiertes Ziel, das anspruchsvoll und motivierend sein sollte
- **R** (realistisch) → die Ziele sollten mit gegebenen Ressourcen realisierbar sein
- **T** (terminiert) → die Ziele sollten zeitlich klar definiert sein

wipro digital

Methoden: Brain-Storming, Mind-Mapping, Moderation, moderierte Diskussion, Abstimmung, Workshop, Laborversuch,

Ziele und Interessen

F 2014 I: A3a-c, 12 Pt.

Verschiedene Gruppen (**Stakeholder**) haben ein Interesse am Unternehmen und dessen Zielen. Dabei kollidieren die Ziele der verschiedenen Gruppen:

- Zu den **internen Stakeholdern** zählen die Mitarbeiter und das Management, deren Ziele bspw. in der Entlohnung/Macht liegen.
- Zu den **externen Stakeholdern** zählen:
  - **Kunden** (Ziele: bspw. günstige Preise, guter Service)
  - **Lieferanten** (Ziele: bspw. sichere Absatzbasis und Zahlungen)
  - **Aktionäre (= Shareholder)** und **Gläubiger** (Ziele: bspw. sichere Geldanlage, hohe Verzinsung)
  - **Konkurrenz** (Ziele: bspw. fairer Wettbewerb, Kooperationen)
  - **Öffentlichkeit/Staat** (Ziele: bspw. Steuerleistung, Arbeitsplätze)
- **Stakeholder-Value-Ansatz** steht für eine Unternehmensführung, die zwischen den verschiedenen Interessen zu vermitteln sucht.
- **Shareholder-Value-Ansatz** steht für eine wertorientierte Unternehmensführung, bei der der Gewinn und der Aktienkurs im Vordergrund stehen, um den Wert aus Sicht der Aktionäre zu steigern.
- Diese beiden Ansätze wirken auch auf die **Ziele der Unternehmensführung**: Nach dem Shareholder-Value-Ansatz steht der Aktionär im Mittelpunkt. Zur Kurssteigerung der Aktie könnten Kosten durch bspw. Personalabbau gesenkt werden. Hingegen würde der Stakeholder-Value-Ansatz auch die Interessen der Mitarbeiter berücksichtigen und diese daher eher nicht entlassen.

Tipp:

Shareholder = Aktionäre; **Stakeholder** = alle direkt oder indirekt vom Unternehmen betroffene Gruppen (Mitarbeiter, Lieferanten etc.).

Zusammenhang zwischen Zielen, Lage und Umsetzung

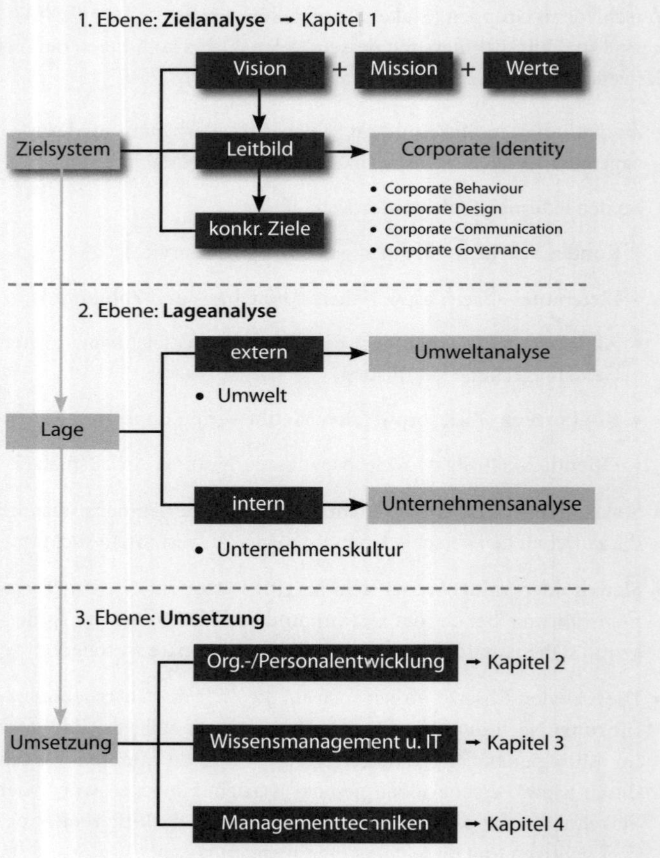

Tipp:

Das *Unternehmensleitbild* steht für den **Soll-Zustand** der Normen und Werte, die *Unternehmenskultur* hingegen für den **Ist-Zustand**.

Lageanalyse

- Die externe Analyse der Umwelt (**Umweltanalyse**) analysiert die Rahmenbedingungen, die durch Märkte, Kunden, Lieferanten, Konkurrenten, Banken und Staat vorgegeben werden.
- Die interne Analyse des Unternehmens (**Unternehmensanalyse**) untersucht die Gegebenheiten des Unternehmens. Bei einer Stärken/Schwächen-Analyse vergleicht man sich anhand verschiedener Kriterien mit dem stärksten Konkurrenten.
- Die interne **Unternehmenskultur** bezeichnet die Summe der Normen und Werte, die das Verhalten der Mitarbeiter nach innen und außen tatsächlich prägen (**Ist-Zustand**).

Corporate Identity

Zur Umsetzung und einheitlichen Erscheinung des Unternehmensleitbildes nach außen und innen wird die Unternehmensidentität durch die einzelnen Aspekte der **Corporate Identity (CI)** geprägt:

- **Corporate Behaviour**: Das Verhalten der Mitarbeiter untereinander und gegenüber Außenstehenden (Kunden, Lieferanten etc.) sollte einheitlich und klar sein (bspw. Umgangston, Werte).
- **Corporate Design**: Nach außen und innen wird ein einheitliches Erscheinungsbild gewählt, das sich auf Farben, Formen, Schriftarten, usw. im Bereich der schriftlichen Kommunikation, in der Werbung, Bekleidung, Filialgestaltung, Logo usw. zeigt.
- **Corporate Communication**: Hier geht es um die Formen der Kommunikation nach außen und innen (bspw. Werbesprüche, Erkennungsmelodien, Telefonbegrüßungsformeln, Medienauftritt).
- **Corporate Governance**: Von zunehmender Bedeutung sind Verhaltenskodizes bzw. moralische Standards in der Unternehmensverfassung, an denen sich die Mitarbeiter orientieren sollen.
- Zudem: **Corporate Vision**, **Corporate Mission**, **Corporate Image**.

1

1.2 Zielsystem und Planungsprozess

Zielsystem und Strategien

Zunächst werden die **Ziele** auf unterschiedlichen Ebenen bestimmt. Anschließend gilt es die Ziele umzusetzen. Hierzu müssen entsprechende Strategien entwickelt werden. **Strategien** stehen dabei für den Weg bzw. die Art der Umsetzung der Ziele. Konkretisiert werden die Strategien in der **Planung**.

Strategischer Planungsprozess

F 2015 I: A3, 8 Pt.

Zur Entwicklung einer geeigneten Strategie könnten folgende Schritte gewählt werden:

- **Zieldefinition**: Zunächst sollten strategische Ziele formuliert werden.
- **externe Analyse**: Analyse der Umwelt des Unternehmens (bspw. Markt, Konkurrenten, Lieferanten, Kunden und Staat).
- **interne Analyse**: Analyse der Stärken und Schwächen des Unternehmens (bspw. Finanzkraft, Organisation). Zur Analyse könnten das Benchmarking oder die Stärken-/Schwächen-Analyse eingesetzt werden.
- **Strategieentwicklung**: Aus den vorherigen Erkenntnissen heraus wird eine Strategie entwickelt, die zur Umsetzung der Ziele im Rahmen der äußeren und inneren Gegebenheiten dient.

1.3 Strategische und operative Planung

Die in Kapitel 1.1 gewählte dreistufige Vorgehensweise (Ziele, Lage, Umsetzung) kann auch als Teil des Managementkreislaufs betrachtet werden.

Ein wesentlicher Teil des Managementkreislaufs bzw. der Unternehmensführung ist die **Planung**. Diese kann bspw. als Teil des Controllings an Mitarbeiter delegiert werden, die hierfür spezialisiert sind. Pläne stellen sowohl zukünftige Handlungen als auch zukünftige Entwicklungen dar und erfordern entsprechendes Reagieren. Pläne müssen kontrolliert und ggf. korrigiert werden.

Richtungen der Planung in der Hierarchie

- Bei der **Top-down-Planung** erfolgt die Planung von oben nach unten. Diese Vorgehensweise ist für die Mitarbeiter *demotivierend*. H 2010 I: A3c, 2 Pt. H 2016 I: A1b, 8 Pt.
- Die **Bottom-up-Planung** bezieht die Mitarbeiter in den Planungsprozess mit ein. Die Planung erfolgt von unten nach oben.
- Beim **Gegenstromverfahren** laufen die Planungsprozesse parallel von oben nach unten und von unten nach oben.

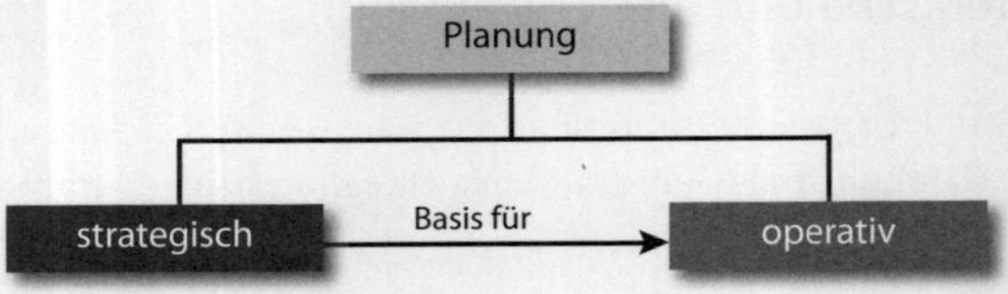

strategisch

- langfristig
- qualitativ
  - zielorientiert
  - vage/ungenau
- dem höheren Management zugeordnet
- zu den Instrumenten bzw. **Analysetechniken** zählen u. a.:
  - Produktlebenszyklusanalyse
  - Portfolio-Analyse
  - SWOT-Analyse
  - Benchmarking
  - Erfahrungskurvenanalyse

operativ

- kurzfristig
- quantitativ
  - an Kennzahlen orientiert
  - detailliert
- dem unteren Management zugeordnet
- zu den Instrumenten bzw. **Kontrollsystemen** zählen:
  - Kennzahlen
  - Budgets, Soll-Ist-Analysen
  - Plankostenrechnung
  - Gewinnschwellenanalyse
  - Rentabilitätsrechnungen

Planungshorizonte und -inhalte

F 2012 I: A1b, 6 Pt.

- Die **strategische Planung** ist langfristig ausgerichtet (> 4 oder 5 Jahre) und ist eher qualitativ (bspw. Image, Sortiment, Marktanteil, Finanzstrategie, Entwicklung »Strategischer Geschäftsfelder«) ausgerichtet.
- Die **taktische Planung** stellt eine mittelfristige Konkretisierung der strategischen Planung dar.
- Die **operative Planung** ist kurzfristig ausgerichtet (< 1 oder 2 Jahren; bspw. mit der Budgetierung, Personaleinsatzplanung, Urlaubsplanung, Werbemaßnahmen).

Zu den **Instrumenten der strategischen Planung** bzw. **Analysetechniken** zählen: (1) Produktlebenszyklus, (2) Portfolio-Analyse, (3) Stärken-/Schwächen-Analyse sowie SWOT-Analyse und (4) Benchmarking (vgl. Kap. 1.4) und (5) Erfahrungskurvenanalyse.

Produktlebenszyklusanalyse

H 2011 I: A1b, 6 Pt.

Mittels des **Produktlebenszyklus** lassen sich möglichen Zukunftsaussichten unserer vorhandenen Produkte/Sortimentsbereiche analysieren, um daraus eine optimale Strategie ableiten zu können. Es werden fünf Phasen unterschieden: ❶ Einführungsphase, ❷ Wachstumsphase, ❸ Reifephase, ❹ Sättigungsphase und ❺ Degenerationsphase. Aufgrund hoher Einführungskosten (Forschung und Entwicklung, Werbung) entstehen zu Beginn Verluste. In der Wachstums-/Reifephase kommen für gewöhnlich Konkurrenten auf den Markt und mindern die Gewinne – trotz noch steigender Umsätze. Es können grundsätzlich Gewinn, Umsatz, Marktanteil, Deckungsbeitrag usw. betrachtet werden.

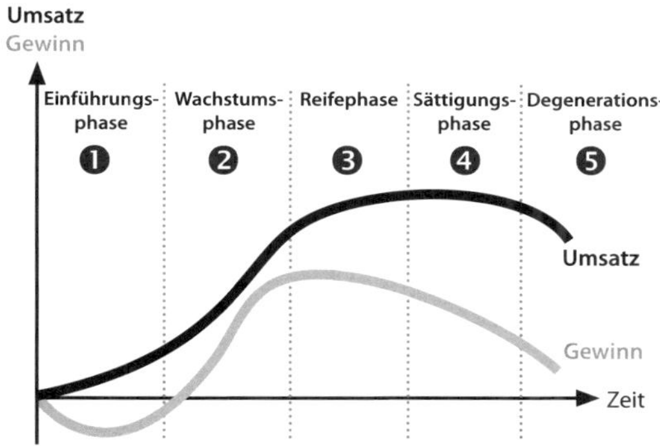

Tipp:

Häufig wird in Abbildungen der Verlust in der Einführungsphase nicht eingezeichnet/berücksichtigt.

1

Portfolio-Analyse

Die **Portfolio-Analyse** betrachtet weitere Faktoren, F 2009 I: A8a-b, 14 Pt. die Auskunft über die Lage und zukünftige Entwicklungen unserer Produkte geben könnten. Ziel ist dabei jeweils eine angepasste optimale Strategie (**Normstrategie**) für die einzelnen Produkte in den 4 Feldern:

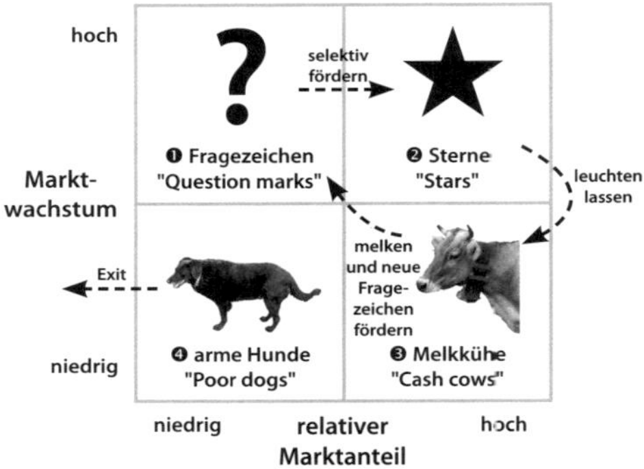

Tipp:
Die Bedeutung der Produkte, Produktgruppen oder Sparten kann durch die Größe von Kreisen dargestellt werden.

❶ **Fragezeichen** (Question marks): Diese Märkte mit Chancen sind problematisch. Sofern die Chancen gut stehen, vom Marktwachstum zu profitieren, sollte kräftig investiert werden (**Offensivstrategie**). Andernfalls sollte ein Rückzug vom Markt erwogen werden.

❷ **Sterne** (Stars) müssen am Himmel bleiben. Daher muss investiert werden, um die Marktstellung halten zu können (**Wachstumsstrategie**).

❸ Bei **Melkkühen** (Cash cows) sollten nur die notwendigen Investitionen durchgeführt werden. Die Überschüsse sollten zur Förderung zukünftiger Stars in aktuelle, Erfolg versprechende Fragezeichen investiert werden (**Gewinnabschöpfungsstrategie**).

❹ Die **armen Hunde** (Poor dogs) sollten vom Markt eliminiert werden (**Desinvestitionsstrategie**). Nur aus Gründen der Produktion, des Sortiments oder des Images könnte ein Weiterbetrieb gerechtfertigt sein.

SWOT-Analyse

1

Eine einfache Variante, die **Stärken-/Schwächen-Analyse** ermittelt die spezifischen Stärken und Schwächen eines Unternehmens in Relation zu den wichtigsten Konkurrenten. Die **SWOT-Analyse** geht weiter und ermittelt die internen Stärken (Strengths) und Schwächen (Weaknesses) des Unternehmens, um daraus zusätzlich eine Strategie hinsichtlich möglicher externer Chancen (Opportunities) und Risiken/Gefahren (Threats) zu entwickeln.

F 2011 I: A1a-b, 10 Pt.
F 2016 I: A1a-b, 10 Pt.
F 2017 I: A1, 8 Pt.

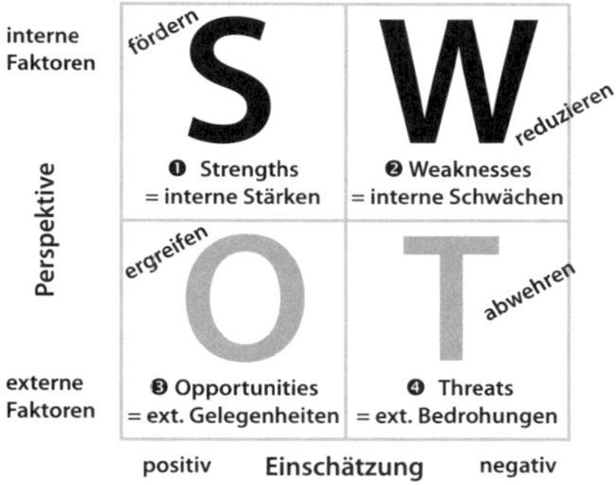

- Zu den **internen Faktoren** zählen: Qualifikation der Mitarbeiter, Kosten allgemein (bspw. Lohnniveau), Finanzkraft, Image, Innovationsstärke, Sortimentsbreite und -tiefe.
- Zu den **externen Faktoren** zählen: demografische Trends (bspw. Alterung in Industrienationen), Technologien, kultureller Wandel, Gesetzgebung, politische Lage, Konkurrenten, Lieferanten.

Im Rahmen der SWOT-Analyse lässt sich eine **TOWS-Matrix** (von rechts oben nach links unten lesen: T-O-W-S) erstellen. Daraus lassen sich dann vier Normstrategien ableiten (siehe folgende Seite).

Erfahrungskurvenanalyse

H 2010 I: A1c, 4 Pt.

Je länger ein Artikel produziert wird, umso mehr nimmt die Erfahrung mit der Herstellung dieses Artikels zu. Die Mitarbeiter machen weniger Fehler, werden schneller, es werden kontinuierlich Verbesserungsprozesse eingeführt. Dies führt zu sinkenden Kosten pro Stück. **Das darf nicht mit der Fixkostendegression verwechselt werden**, die ähnlich wirkt. Diese besagt, dass in einer Periode die Stückkosten sinken, wenn die Anlagen ausgelastet werden und somit die Fixkosten pro Stück sinken. Der Erfahrungskurveneffekt geht hingegen davon aus, dass mit zunehmender Anzahl der Perioden die Kosten zusätzlich sinken.

Analyse von Erfolgspotenzialen

F 2017 I: A2a-b, 8 Pt.

Zu den weiteren Instrumenten der strategischen Analyse (insbesondere im Marketing) zählen bspw.:

- Trendanalyse, Marktanalyse, Konkurrenzanalyse
- Analyse des Gewinn- und Umsatzpotenzials, Analyse der Kosten

Zweck der operativen Planung

- Zur **Umsetzung der strategischen Pläne** dienen operative Pläne.
- Die operative Planung gibt den **Handlungsspielraum** der Abteilungen und der Mitarbeiter vor (bspw. in Form von Budgets).
- Die konkreten Vorgaben der operativen Planung können am Ende der Planungsperiode besser **kontrolliert** werden (u. a. wichtig für erfolgsabhängige Entlohnung).
- Aus einer **Analyse der Abweichungen** lassen sich Rückschlüsse auf Fehlentscheidungen etc. ableiten und ermöglichen damit eine bessere Planung für die Zukunft.

Strategische Geschäftsfelder (SGF)

- **Strategische Geschäftsfelder** (SGF) werden allgemein etwas unverständlich als »Produkt-Markt-Kombinationen« bezeichnet, die eine gemeinsame Funktion besitzen und sich von anderen unterscheiden. Für gewöhnlich versteht man darunter Produkte (hochwertige Massivholz-Schreibtische), Märkte (mittelständische Unternehmen in Süddeutschland als Kunden) oder Technologien (bestimmte Kombinationsmöglichkeiten der Schreibtischelemente).
- **Strategische Geschäftseinheiten** (SGE) sind hingegen Teilbereiche der Aufbauorganisation eines Unternehmens, in denen zusammengehörige strategische Geschäftsfelder gebündelt werden (bspw. Büromöbel für Geschäftskunden). Die SGE können in Form von Profit Center oder Sparten gebildet werden.

1

1.4 Betriebsstatistik und Planungsrechnung

Die reinen Zahlen des Jahresabschlusses eines bestimmten Jahres sind nicht sonderlich aussagekräftig. Sie bedürfen eines Vergleichswertes:

- Bei einem **Zeitvergleich** werden bspw. die Informationen der Bilanz des Jahres 2017 mit denen vorangegangener Bilanzen verglichen.
- Ein **Branchenvergleich** würde die Zahlen des betrachteten Unternehmens mit anderen Unternehmen der Branche vergleichen.
- Ein **interner Vergleich** kann ein Sparten- oder Filialvergleich sein.
- Bei einem **Soll-/Ist-Vergleich** werden die tatsächlich erzielten mit den vorgegebenen/geplanten Zahlen verglichen.

Es werden folgende Formen von Kennzahlen unterschieden:

1. Zunächst die **absoluten Kennzahlen.** Hierbei handelt es sich um die ursprünglichen Zahlen, die ohne Vergleichswert relativ wenig aussagen. Hat ein Unternehmen bspw. 100 Mitarbeiter, so ist das wenig aussagekräftig. Wenn diese Zahl mit dem Vorjahr oder Mitbewerbern verglichen wird, erhält sie Bedeutung.

2. Sofern die absoluten Kennzahlen in Beziehung zu anderen Zahlen gebracht werden, spricht man von **Verhältniszahlen** (= relative Kennzahlen). Dabei werden die folgenden Formen unterschieden (Hinweis: Sowohl Messzahlen als auch Indexzahlen sind dimensionslos – d. h. ohne Euro, Prozent, kg oder dergleichen am Ende.):

- **Messzahlen** sind *Quotienten aus zwei gleichartigen Zahlen.* So könnten bspw. die Anzahl der Mitarbeiter der Fertigung durch die Anzahl der Mitarbeiter in der Verwaltung geteilt werden. Würde hier 1,25 herauskommen, würden in der Fertigung 25 Prozent mehr Mitarbeiter als in der Verwaltung tätig sein.
- Eine Sonderform der Messzahlen sind **Indexzahlen**, bei denen sich der Zähler und der Nenner nur durch die *zeitliche Dimension* unterscheiden. In der VWL wird damit bspw. der Verbraucherpreis-

index berechnet, der das Preisniveau eines Monats (August 2017) durch das Preisniveau des Vorjahresmonats (August 2016) teilt. Ein Ergebnis von 1,019 entspricht dabei einer Inflationsrate von 1,9 %.

- Bei **Gliederungszahlen** wird eine *Teilmenge durch die Gesamtmenge geteilt*. Teil man bspw. das Eigenkapital durch das Gesamtkapital (× 100 %), erhält man die Gliederungszahl Eigenkapitalquote.
- Wird der Quotient zweier verschiedenartiger Zahlen gebildet, die aber in sinnvoller Beziehung zueinander bestehen, erhält man **Beziehungszahlen**. Teil man bspw. den Gewinn durch das Eigenkapital und multipliziert mit 100 % erhält man die Beziehungszahl Eigenkapitalrentabilität.

Zahlenentwicklung/Vergleichsrechnungen

F 2016 I: A6, 9 Pt.

In Prüfungsaufgaben könnten für verschiedene Jahre (Zeitvergleich) Soll- und Istwerte an Zahlen vorliegen, die es dann auszuwerten gilt. Dabei geht es um die Interpretation der Zahlenentwicklung und weniger um die Berechnung:

- bspw. Entwicklung von Absatzmengen, Umsatzerlösen und durchschnittlichen Verkaufspreisen
- Ursachen können unterschiedlicher Natur sein, bspw. mehr/weniger Wettbewerb, wachsende/schrumpfende Märkte, neue/veraltete Produkte usw.

Instrumente bzgl. der Kostenrechnung

- Die **Gewinnschwellenanalyse** (Break-even-Analyse) ermittelt die notwendige Verkaufsmenge, um einen Gewinn zu erzielen.
- Die **Plankostenrechnung** analysiert die Abweichungen zwischen Plankosten und Istkosten für einzelne Abteilungen.

1

Benchmarking

F 2011 I: A5a-b, 5 Pt.
H 2012 I: A3a, 6 Pt.
H 2013 I: A4a-b, 9 Pt.
F 2014 I: A4a-b, 7 Pt.

Das **Benchmarking** ist ein System zur Messung bzw. Einordnung a) unseres Unternehmens im externen Vergleich mit dem stärksten Mitbewerber oder b) im internen Vergleich zwischen Abteilungen/Produkten u. zur Beurteilung von Mitarbeitern. Vorteil: Offenlegung von Schwachstellen. Nachteile/Probleme: Beschaffung entsprechender Vergleichsdaten, nur Reaktion statt Aktion.

Typischer Ablauf eines **Benchmarking-Prozess** (oder alternativ wie der Managementkreislauf, vgl. Kapitel 1.3):

1. Festlegung des zu untersuchenden Aspekts (bspw. Finanzkraft)
2. Auswahl von geeigneten Messgrößen (bspw. Rating, Eigenkapitalquote)
3. Unternehmen zum Vergleich auswählen (bspw. die drei größten Konkurrenten)
4. Datenquellen bestimmen (bspw. Ratingagenturen, Geschäftsberichte)
5. Analyse der Daten
6. Ermittlung von Abweichungen (bspw. schlechteres Rating und niedrigere Eigenkapitalquote) und Ursachenanalyse (bspw. keine Einbettung in eine größere Unternehmensgruppe wie die drei Konkurrenten mit jeweils einer finanzstarken Konzernmutter)

Zu den relevanten **Kennzahlen** zählen bspw.:

- **interne Kennzahlen**:
  - Zahlungsfähigkeit/Bonität: Liquiditätsgrade I bis III
  - Kundenstruktur: Forderungsausfälle
  - Betriebsklima: Fluktuations-/Krankheitsquote
  - Umsatzstärke der Mitarbeiter: Umsatz je Mitarbeiter

- **externe Kennzahlen**:
  - Marktanalyse: Marktanteile
  - Konkurrenzanalyse: Anzahl der Konkurrenten

Zu den **Problemen der Datenerhebung** müssen gerechnet werden:

- Daten der Konkurrenten/Mitbewerber nicht ermittelbar
- ungeeignete/unzuverlässige Quellen, Aktualität der Daten
- Datenschutzaspekte

Früherkennungssysteme

H 2013 I: A1, 9 Pt.

Mit Hilfe von geeigneten Indikatoren bzw. Kennzahlen sollen zukünftige Probleme/Risiken frühzeitig erkannt bzw. identifiziert werden, um rechtzeitig gegensteuern zu können. Zu den möglichen **Frühindikatoren** zählen:

- Verlust von Marktmacht: Marktanteile, Absatzzahlen
- unzureichende Ablauforganisation: Zunahme an Verbesserungsvorschlägen im Rahmen des KVP
- verschlechterndes Betriebsklima: Krankheits-/Fluktuationsquote
- zunehmender Fachkräftemangel: zunehmende Stellenanzeigen

Operation Research

Dieser noch relativ junge Forschungszweig der BWL beschäftigt sich mit dem Einsatz mathematischer Methoden und Modelle zur Bestimmung optimaler Ergebnisse. Insbesondere die lineare Algebra (viele Gleichungen!) wird verwendet, um optimale Ergebnisse bspw. bei logistischen Prozessen zu bestimmen. Sofern Sie BWL an einer Hochschule studieren, dürfen Sie hier auch rechnen. Für uns sind die Rechnungen nicht von Bedeutung.

1

1.5 Entscheidungsprozesse bei der Planung

Die Entscheidung ist im Rahmen des Managementkreislaufs grundsätzlich der Planung nachgelagert.

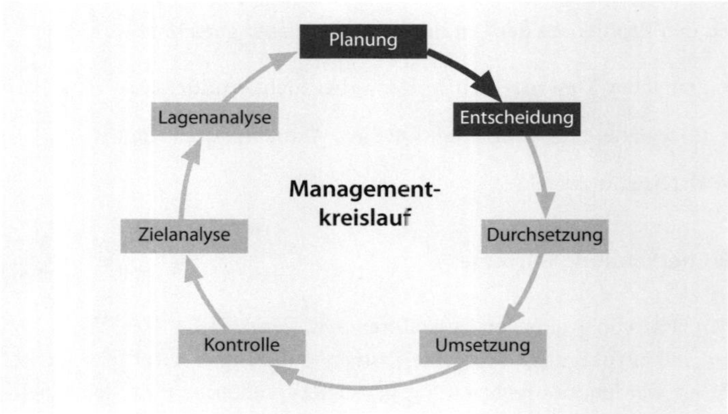

In der Praxis überschneiden sich beide Teilbereiche. Jede Entscheidung benötigt Alternativen, die durch die Planung vorgestellt werden (vgl. hierzu auch Kapitel 4.2.2).

2 Organisations- u. Personalentwicklung

2.1 Notwendigkeit der Entwicklung

F 2016 I: A2a, 6 Pt.
H 2016 I: A1a, 4 Pt.

Zweck der Organisationsentwicklung ist die einmalige oder stetige Anpassung der Organisation an die Erfordernisse. Zahlreiche **externe Gründe** können eine Anpassung der Organisation und des Personals an neue Entwicklungen erfordern:

- neue Konkurrenten, Produkte und Technologien
- Gesetzesänderungen bzw. neue Gesetze
- veränderte Kundenwünsche
- Fusionen und Kooperationsformen
- Probleme der Finanzierung (bspw. Rating, Großaktionäre)

Zudem können auch interne Gründe das Management auch ohne konkreten äußeren Anpassungsgrund zur Entwicklung der Organisation anregen. Denn nicht nur eine rein **passive Reaktion**, sondern auch eine **aktive Gestaltung** kann sinnvoll sein.

Zu den **internen Gründen** zählen:

- ineffiziente Aufbauorganisation mit zahlreichen Doppelarbeiten, ungeklärten Zuständigkeiten und geringer Übersichtlichkeit
- ineffiziente Ablauforganisation mit schlechter Prozessabstimmung, unnötigen, teuren und langsamen Prozessen
- zu schnell gewachsene Organisationen
- zu viele Vertriebskanäle, zu großes, vielfältiges Sortiment
- Mangel an Fachkräften

In allen Fällen gilt es nun zu hinterfragen, inwiefern die gegebene Organisation und das vorhandene Personal mit seinem Entwicklungsstand in der Lage sind, dies zu bewältigen. Dazu bedarf es für gewöhnlich einer Veränderung der Organisation (Organisationsentwicklung, Kap. 2.2) und des Personals (Personalentwicklung, Kap. 2.3), die nun näher betrachtet werden.

2.2 Organisationsentwicklung (OE)

2.2.1 Ziele der Organisationsentwicklung

Zu den vielfältigen **Zielen** der Organisationsentwicklung zählen u. a.:

- Steigerung bzw. Wiederherstellung der Wettbewerbsfähigkeit
- Erhöhung der Flexibilität durch anpassungsfähige Hierarchien
- Senkung der Kosten durch Prozessoptimierungen
- Senkung der Kosten durch schlankere Hierarchien
- Reduzierung von Ineffizienzen und Doppelarbeiten
- Steigerung der Mitarbeitermotivation
- Verbesserung des Betriebsklimas

Zwei grundlegende Formen des Wandels sind zu unterschieden:

- **Evolution** steht für eine Anpassung/Veränderung in kleinen Schritten. Ein hierfür geeignetes Instrument ist der »kontinuierliche Verbesserungsprozess« (KVP).
- **Revolution** steht für einen starken Anpassungsschritt bzw. eine grundlegende Veränderung. Das Business-Process-Reengineering ist hierfür ein geeignetes Instrument.

2.2.2 Konzept der Organisationsentwicklung

Gründe für Organisationsveränderungen

Zu den Gründen für Organisationsveränderungen vgl. Kap. 2.1. Im Rahmenstoffplan wird explizit erwähnt, dass hierzu auch die Optimierung von Arbeitsabläufen, die Humanisierung der Arbeitswelten und die Erhöhung der Flexibilität zählen. Es ist auffällig, dass sich die Ziele u. Gründe der Organisationsentwicklung ergänzen und überschneiden.

Phasen des OE-Prozesses

H 2011 I: A2, 9 Pt.
F 2012 I: A3b, 6 Pt.
F 2016 I: A2b, 6 Pt.
H 2016 I: A2a, 6 Pt.

Sofern eine Entwicklung der Organisation erwünscht wird (bspw. bei starkem Wachstum oder Unternehmensübernahmen) können folgende 3 **Phasen des Organisationsentwicklungsprozesses** (nach *Kurt Lewin*) unterschieden werden:

- **Auftauen** bzw. **Unfreezing**: Die Organisation wird aus ihrem Schlafzustand erweckt, um für die neuen Herausforderungen fit zu werden. Zu diesem Zweck werden neue Richtlinien erarbeitet und ausprobiert. Das wird Widerstände derer bedeuten, die darauf hinweisen, dass etwas schon immer so gemacht wurde und daher gut sei. Das kann zu nachlassender Motivation und Leistungseinbußen dieser Mitarbeiter führen. Dies kann durch ein System von Anreizen und Sanktionen korrigiert werden.
- **Bewegung** bzw. **Moving**: Die Mitarbeiter gewöhnen sich an die neuen Richtlinien und Vorgaben und setzen diese um. Zudem bilden sich neue Systeme der Zusammenarbeit und der Unternehmenskultur heraus. Intensive Mitarbeitergespräche können bei der Übernahme der neuen Perspektive helfen.
- **Einfrieren** bzw. **Refreezing**: Sobald sich ein neues, leistungsfähigeres System etabliert hat, sollte dieser Zustand eingefroren und bewahrt werden. Hierfür sind geeignete Überwachungsmechanismen (Kennzahlen etc.) erforderlich.

2

Es können bspw. folgende **Widerstände** erwartet werden:

- personelle Widerstände der Mitarbeiter, der Manager und des Betriebsrates
- rechtliche Widerstände durch mögliche Rechtsverstöße
- wirtschaftliche Widerstände bei möglichen unvorhersehbaren Kostenbelastungen oder unsicheren Erfolgsaussichten

Erfolgs-/Misserfolgsfaktoren der OE

Zu den **Erfolgsfaktoren** der OE zählen:

H 2016 I: A2b, 6 Pt.

- offene, klare Informationspolitik
- Notwendigkeit der Veränderung muss von Führungskräften und Mitarbeitern erkannt werden
- Ziele müssen durch Geschäftsleitung klar dargelegt werden
- Führungskräfte »leben« die Veränderung vor (Vorbildfunktion)

Zu den **Misserfolgsfaktoren** der OE zählen:

- alle Entscheidungen werden von oben ohne Diskussionen (»top down«) vorgegeben
- die Probleme werden nicht erkannt bzw. akzeptiert
- Bereitschaft zur Veränderung fehlt
- unrealistische Vorgaben durch die Führung

Zentralisation vs. Dezentralisation

F 2012 I: A3a, 5 Pt.

- **Zentralisation** steht für Entscheidungen, die in der Zentrale einer Organisation getroffen werden. **Dezentralisation** bzw. **Eigenverantwortlichkeit** steht demgegenüber für Entscheidungen, die vor Ort getroffen werden.
- **Vorteile** der Zentralisation sind: (1) einheitliches Vorgehen fördert das Image, (2) Doppelarbeiten werden vermieden, (3) Wissen und Kompetenzen lassen sich besser/kostengünstiger zentral ansiedeln.
- **Nachteile** der Zentralisation sind: (1) Wissen vor Ort wird nicht genutzt, (2) geringere Motivation der MA in den Filialen, (3) geringere Leistungsbereitschaft durch geringere Motivation, (4) langsamere Entscheidungen durch längeren Instanzenweg, (5) geringere Anpassung an Kundenwünsche durch Ferne zu diesen.
- Für die **Dezentralisation** gilt jeweils genau das Gegenteil.

Change Management

Der Veränderungsprozess in Organisationen sollte geplant erfolgen. Hiermit beschäftigt sich das Change Management. Zumindest die folgenden vier wesentlichen **Veränderungsmodelle** sollten bekannt sein:

- **Kaizen** bzw. **KVP** (kontinuierlicher Verbesserungsprozess): Das Konzept der kontinuierlichen Anpassung/Verbesserung in kleinen Schritten stammt ursprünglich aus Japan. Es entspricht der Idee der **Evolution**.
- **Business Process Reengineering**: Dieses aus den USA stammende Konzept steht für einen radikalen Wandel (= **Revolution**).
- **TQM** bzw. »**Total Quality Management**« steht für eine umfassende Qualitätsorientierung aller Teilbereiche des Unternehmens, also auch der Prozesse und nicht nur der Enderzeugnisse.
- **Lernende Organisation** siehe folgender Abschnitt.

2

2.2.3 Lernende Organisation

Zwar gibt es auch hier unterschiedliche Definitionsansätze, aber für gewöhnlich basiert das Konzept auf der Idee, dass nicht nur das einzelne Individuum von sich aus lernen muss, sich an neue Situationen anzupassen (= zu lernen). Sondern sollten die organisatorischen Regelungen so gestaltet sein, dass sich die Organisation entwickelt und an notwendige Entwicklungen anpasst. Zu diesem Zweck wird das Wissen aller Organisationsmitglieder genutzt und verteilt. Kurz: Im Rahmen der Organisationsentwicklung bezeichnet eine lernende Organisation eine anpassungsfähige Organisation.

Ziele der lernenden Organisation

F 2012 I: A3c, 4 Pt.

- Lernkompetenz der Mitarbeiter erhöhen
- Einführung eines Wissensmanagements
- Kommunikation im Unternehmen verbessern
- Mitarbeiter aktiv an der Gestaltung der Abläufe (Prozesse) beteiligen – bspw. durch ein betriebliches Vorschlagswesen
- Verbesserungen auch in kleinen Schritten vornehmen (KVP bzw. Kaizen)

2

2.3 Personalentwicklung (PE)

2.3.1 Ziele der Personalentwicklung

F 2009 I: A5a, 4 Pt.
F 2011 I: A2a, 2 Pt.
H 2012 I: A1a, 6 Pt.

Ziele für das Unternehmen sind u. a.:

- Die Ausrichtung der Qualifizierung der Mitarbeiter an den aktuellen und prognostizierten betrieblichen Erfordernissen.
- Insgesamt soll ein höheres Qualifizierungsniveau für flexiblere und kreativere Mitarbeiter erzielt werden.
- Die Fluktuationsrate senken bzw. niedrig halten und die Bindung der Mitarbeiter an das Unternehmen steigern.
- Nutzung von qualifiziertem internen Personal für interne höherwertige Stellenbesetzungen erhöht die Motivation der Mitarbeiter.
- Senkung der Personalbeschaffungskosten.

Ziele für die Mitarbeiter sind u. a.:

- bessere Karrierechancen
- bessere Chancen am Arbeitsmarkt
- zunehmende Zufriedenheit mit der Arbeit
- Nutzung des eigenen Potenzials
- neue, interessantere Tätigkeiten

2.3.2 Verantwortlichkeit der Personalentwicklung

Die Personalentwicklung ist ein Zusammenspiel verschiedener Gruppen, die auch eine entsprechende Verantwortung übernehmen:

- Das **Personalwesen** ist für die Konzipierung, die Durchführung und Kontrolle von PE-Maßnahmen verantwortlich.
- **Führungskräfte** müssen den Entwicklungsbedarf der Mitarbeiter erkennen und diesen in Zusammenarbeit mit der Personalabteilung mit möglichen Bildungsinhalten vergleichen und den Mitarbeiter

2

für mögliche Instrumente der Personalentwicklung einplanen und ggf. freistellen. Zur Evaluierung des Entwicklungsbedarfs werden Mitarbeitergespräche geführt.

2.3.3 Instrumente der Personalentwicklung

Zur **Feststellung des Qualifizierungsbedarfs** der Mitarbeiter werden verschiedene **Methoden/Instrumente** verwendet: Stellenbeschreibungen, Assessment-Center, Leistungsbeurteilung, Potenzialanalyse, Persönlichkeits-, Intelligenztests und Gespräche zur Personalentwicklung.

Stellenbeschreibung

H 2009 I: A1, 8 Pt.
H 2010 I: A2a, 4 Pt.
F 2013 I: A7a-b, 10 Pt.
F 2016 I: A3a, 6 Pt.

Zur Kennzeichnung der verschiedenen Stellen eines Unternehmens dienen schriftliche **Stellenbeschreibungen**. Zu deren **Inhalten** gehören:

- Stellenbezeichnung
- Einordnung der Stelle in die Organisation und dazugehörige Über- und Unterstellungsverhältnisse
- Stellvertretung/Prokura
- Aufgaben und Ziele der Stelle
- Anforderungen und Kompetenzen
- Befugnisse und Vollmachten
- tarifliche Einordnung bzw. Lohngruppen (kein Gehalt!)

Zu den **Aufgaben** der Stellenbeschreibung zählen: (1) Orientierung für (neue) Mitarbeiter, (2) Grundlage für Stellenbewertung und Leistungsbeurteilung, (3) Basis für die Personalbeschaffung (bspw. Stellenanzeigen), (4) Entlohnungsgrundlage, (5) Hilfe bei der Formulierung von Arbeitszeugnissen, (6) klare Abgrenzung der Aufgabengebiete und damit Vermeidung von Doppelarbeiten. (7) Grundlage der PE.

Potenzialanalyse

H 2012 I: A2, 9 Pt.
F 2013 I: A8a-b, 9 Pt.
F 2016 I: A3b, 8 Pt.

Die Potenzialanalyse analysiert systematisch die Qualifizierung der Mitarbeiter. Dabei wird geprüft, inwiefern sie den gegenwärtigen oder zukünftigen unternehmerischen Erfordernissen entspricht. Sofern dies nicht gegeben ist, sind Maßnahmen der PE erforderlich.

Zu den **Kompetenzbereichen** der Potenzialanalyse zählen:

- **Fachkompetenz**: Fachwissen im jeweiligen Tätigkeitsbereich, Fremdsprachenkenntnisse, Allgemeinwissen
- **Methodenkompetenz**: Anwendung der richtigen Methoden der Organisation, der Führung und der Umsetzung des Wissens
- **Sozialkompetenz**: Kommunikations-, Team-, Kritik- und Kontaktfähigkeit, Einfühlungsvermögen
- **Persönlichkeitskompetenz**: Lernbereitschaft, Leistungsfähigkeit, Belastbarkeit, Selbstorganisation, analytisches Vermögen

Phasen der Qualifizierung bzw. Personalentwicklung

H 2016 I: A3a, 5 Pt.
F 2017 I: A7, 6 Pt.

- **Planungsphase**: a) Ziele der PE-Maßnahmen formulieren, b) Abgleich mit vorhandenen Qualifikationen um Qualifizierungsbedarf zu bestimmen, c) Entscheidung hinsichtlich externer/interner Bildungsträger, d) Wahl der Maßnahmen, e) Ort u. Durchführung, f) Methoden
- **Durchführungsphase**: a) Erwartungshaltung der Teilnehmer erfragen, b) Durchführung nach Planung, c) Kontrolle während und am Ende durch Übungen, d) Beurteilungsbögen austeilen u. auswerten
- **Transferphase**: a) Teilnehmer zur Reflexion anregen: Wie kann das erlernte Wissen genutzt werden? b) Planung zur praktischen Umsetzung des Wissens. c) Kontrolle, inwiefern das Wissen tatsächlich genutzt wurde.

2

2.3.4 Einsatzfelder der Personalentwicklung

Die Einsatzfelder der PE werden im folgenden Abschnitt bei der Umsetzung der PE besprochen. Es muss dabei geklärt werden, ob es sich um eine Neuqualifizierung oder um den Ausbau von Wissen geht.

2.3.5 Umsetzung der Personalentwicklung

F 2009 I: A5b, 6 Pt.
H 2009 I: A2, 8 Pt.
F 2012 I: A4b, 6 Pt.
H 2012 I: A1c, 6 Pt.
H 2016 I: A3b, 4 Pt.

Ziel der innerbetrieblichen Förderung ist die Anpassung der Mitarbeiter an die betrieblichen Erfordernisse. Als Maßnahmen dienen motivierende und damit leistungssteigernde Maßnahmen:

- **Job-Enlargement**: Der Mitarbeiter erhält ein erweitertes Arbeitsspektrum auf gleichem Niveau. Damit wird die übertriebene Arbeitsteilung (*Taylorismus*) reduziert. Vorteil: Motivation und Leistungsbereitschaft, besserer Überblick. Nachteil: ggf. Mehrarbeit mit steigender Belastung und Überforderung, geringere Produktivität.

- **Job-Enrichement**: Die Arbeit des Mitarbeiters wird durch ein höheres Anspruchsniveau bereichert. Dies erfordert für gewöhnlich Weiterbildungsmaßnahmen. Vorteil: Motivation, Entfaltung, Leistungsbereitschaft. Nachteile: ggf. Überforderung und Fehlentscheidungen.

- **Job-Rotation**: Die Mitarbeiter tauschen die Arbeitsplätze um andere Bereiche des Unternehmens bzw. der Abteilung kennenzulernen. Dabei wird keine Beförderung innerhalb der Hierarchie vorgenommen. Als Vorteil gilt die höhere Motivation und Leistungsbereitschaft sowie die steigende Flexibilität und Übersicht der Mitarbeiter. Nachteilig sind die Einarbeitungszeit und deren Kosten sowie die entstehende Unruhe im Unternehmen.

- **Coaching**: Fach- und Führungskräfte werden von externen und internen Beratern betreut. Damit soll ebenfalls eine Erweiterung und Bereicherung des Arbeitsbereichs ermöglicht werden. Vorteil: Die Mitarbeiter sind nicht auf sich gestellt, sondern werden unterstützt. Nachteil: Kosten.

Zu den **Trainingsmaßnahmen** zählen:

- **Training-on-the-job**: Unterweisung am Arbeitsplatz, bspw. Schulungen an neuen Maschinen sowie Einrichtung dieser
- **Training-near-the-job**: nicht direkt am Arbeitsplatz, aber im Unternehmen – bspw. Duales Studium oder Trainee-Programm bei denen Mitarbeiter noch nicht (ausschließlich) am endgültigen Arbeitsplatz eingesetzt werden
- **Training-off-the-job**: Unterweisung außerhalb des Arbeitsplatzes (bspw. Fortbildungslehrgänge in Schulungsräumen)
- **Training-along-the-job**: berufsbegleitendes Lernen
- **Training-into-the-job**: Ausbildung, Einarbeitung

Trainee-Programm

Eine besondere Form des Training-near-the-jobs F 2012 I: A4a, 7 Pt. stellen Trainee-Programme für zumeist Akademiker dar. Hier werden hochqualifizierte Mitarbeiter (für gewöhnlich Hochschulabsolventen) in verschiedenen Abteilungen oder bestimmten Projekten für ihren zukünftigen Einsatz geschult. Dies wird durch vielfältige Seminare begleitet.

Bei der Planung bzw. Konzipierung eines Trainee-Programms sollten die folgenden Aspekte berücksichtigt werden:

- Zeitraum und Dauer des gesamten Trainee-Programms.
- Festlegung der zu durchlaufenden Abteilungen bzw. Projekte und deren jeweiliger Zeitbedarf.
- Bestimmung des organisatorischen Ablaufs und der Kosten.
- Festlegung der jeweiligen Verantwortlichen bzw. Mentoren der jeweiligen Programmteilnehmer.
- Klarstellung, inwiefern das Programm abgeschlossen wird und eine Übernahme fest geplant wird.

2

Formen der außerbetrieblichen Fortbildung

- **Lehrgänge**: Formen der Aufstiegsfortbildung (bspw. Meisterlehrgänge der IHK oder HWK)
- **Seminare**: bestimmte Lernziele (Fach-, Methoden- und Sozialkompetenz) erreichen, interaktives Lernen (bspw. Präsentationen und Rollenspiele), geringe Teilnehmerzahl
- **Tagungen**: Basiswissen sollte vorhanden sein, viele Informationen, geringe Nachhaltigkeit, wenig Zeit für Fragen und Diskussionen
- **Konferenzen**: themenspezifische Sitzungen zumeist in einem Raum, keine Vorträge, sondern Kommunikation
- **Kongresse**: mehrtägige Treffen mit verschiedenen Einzelveranstaltungen oft in verschiedenen Räumen, vielfältige Themen und Vorträge von Spezialisten, zusätzlich kleine Diskussionsgruppen abseits der Vorträge

Stufen der Aus- und Fortbildung

- **Ausbildung**: Grundstufe zur Erlangung beruflicher Praxis und theoretischen Wissens
- **Fortbildung**: Erhaltung, Erweiterung und Anpassung der beruflichen Qualifikationen
  - **Aufstiegsfortbildung**: Lehrgänge zur Erlangung höherer Qualifikationen mit anerkannten Abschlüssen: Fachkaufleute, Fachwirte, Meister und Betriebswirte.
  - **Anpassungsfortbildung**: Anpassung der Qualifikation an neuere Entwicklungen (bspw. neue Arbeitsschutzvorschriften)
  - **Erweiterungsfortbildung**: Erweiterung des Wissens ohne beruflichen Aufstieg (technische Grundkenntnisse für Kaufleute in einem Industriebetrieb)
  - **Erhaltungsfortbildung**: Das vorhandene Wissen soll erhalten bzw. aufgefrischt werden.

Planungsinhalte bei der Vorbereitung von Seminaren

H 2014 I: A3a, 5 Pt.

- Zielgruppe bestimmen
- Schulungsort festlegen
- Budget festlegen
- Termin und Dauer mit Zielgruppe absprechen und festlegen
- Inhalte abstimmen und bestimmen

Interne vs. externe Bildungseinrichtungen

F 2011 I: A2c, 4 Pt.

Vorteile der **internen** Bildungseinrichtungen:

- Unabhängigkeit von externen Anbietern
- keine Weitergabe evtl. problematischer Informationen
- genaue Abstimmung auf betriebsinterne Anforderungen
- direkte Verwertung der Bildungsinhalte am Arbeitsplatz

Vorteile der **externen** Bildungseinrichtungen:

- größere Kompetenz im Schulungsbereich
- größere Auswahl an spezialisierten Fachdozenten
- gegen Betriebsblindheit: Erfahrungsaustausch
- größere Auswahl an Bildungsmaßnahmen

Kriterien bei der Wahl externer Bildungseinrichtungen

F 2011 I: A2b, 3 Pt.
H 2012 I: A1b, 5 Pt

- Referenzen des Anbieters
- Ort/Erreichbarkeit
- Seminarangebote, Flexibilität bei der Gestaltung firmenspezifischer Lehrgänge

- Aufbau und Inhalt der Lehrangebote
- fachliche, didaktische und praktische Qualifikation der Dozenten
- Ausstattung der Schulungsräume, Kantine etc.
- Kosten und sonstige Vertragsbestimmungen
- Zertifizierung der Bildungseinrichtung usw.

Erfolgskontrolle von Seminaren

H 2014 I: A3b, 6 Pt.

Nach Abschluss eines Seminars sollte der Erfolg kontrolliert werden:

- Beurteilungsbogen austeilen: Es ist nicht gewährleistet, dass er von allen Seminarteilnehmern ausgefüllt wird und ist dann aussagelos.
- Interview der Seminarteilnehmer direkt im Anschluss an das Seminar.
- Beobachtung im Seminar oder danach bei der Umsetzung des gelernten Inhalts.
- Kennzahlen (bspw. Umsatz, Fluktuation etc.) sind allenfalls als indirekte Indikatoren von Seminaren anzusehen.

Zu den **Inhalten der Erfolgskontrolle** (Evaluierung) zählen:

- Wurde das Wissen auf-/angenommen?
- Kann das Wissen im beruflichen Alltag angewandt werden?
- Erweitert das Seminar den Horizont und führt zu größerer Flexibilität?
- Steigert es die Zufriedenheit der Mitarbeiter und steigert damit das Betriebsklima und die Leistungsbereitschaft?
- Nimmt die Leistung der geschulten Mitarbeiter zu?

3

3 Wissensmanagement und IT

3.1 Wissensmanagement

F 2014 I: A2a, 3 Pt.

Die wirtschaftliche Bedeutung des Wissens zeigt sich schon in der VWL. Dort werden die drei **Produktionsfaktoren** Arbeit, Boden und Kapital unterscheiden. Der aus deutscher Sicht wesentliche Faktor ist dabei das **Kapital**, zu dem das **Humankapital** zählt. Zu diesem zählt wiederum das **Wissen**. Was für die VWL gilt, stimmt natürlich auch für die einzelnen Unternehmen in der BWL:

Wissen ist ein wesentlicher **Wettbewerbsfaktor** und muss daher entsprechend professionell behandelt werden. Hiermit setzt sich das **Wissensmanagement** eines Unternehmens auseinander.

Ziel des Wissensmanagements ist das gesamte im Betrieb vorhandene Wissen zu erfassen, zu selektieren, zu verarbeiten, aufzubereiten, zu analysieren, im Unternehmen zu verbreiten, d. h. allen Stellen, die es benötigen, zukommen zu lassen.

Das Wissensmanagement kann zur Organisationsentwicklung (vgl. Kap. 2.2) beitragen, wenn ...

- Mitarbeiter ihr individuelles Wissen dem Unternehmen zur Verfügung stellen.
- eine Personalentwicklungsmaßnahme nicht nur zur Entwicklung des betreffenden Mitarbeiters führt, sondern dieser sein erworbenes Wissen mit anderen Mitarbeitern im Unternehmen teilt.
- entsprechende organisatorische und technische Regelungen geschaffen werden, um das individuelle Wissen zu speichern und zu verbreiten (bspw. Archive, Dokumentationen, Intranet).

3

Informationsvorbehalt durch Vorgesetzte

F 2009 I: A2a-b, 12 Pt.

Es sollte natürlich bedacht werden, dass nicht alles im Unternehmen vorhandene Wissen allen Mitarbeitern zugänglich gemacht werden kann (bspw. Entwürfe von neuen Technologien). Dies rechtfertigt jedoch keinen Informationsvorbehalt von relevantem Wissen.

Zu den weitgehend ungerechtfertigten **Gründen für einen Informationsvorbehalt** von Vorgesetzten gegenüber ihren Mitarbeitern zählen:

- Der Informationsbedarf der Mitarbeiter wird nicht erkannt oder falsch eingeschätzt.
- Es wird davon ausgegangen, dass die Mitarbeiter nicht genügend Fachkompetenz zur Verwertung der Informationen besitzen.
- Die Fülle an wichtigen und unwichtigen Informationen überfordert die Mitarbeiter und kostet viel Zeit und Geld bei der Auswahl der wichtigen Informationen.
- Sofern die Vorgesetzten Wissen nicht weitergeben, haben sie einen Wissensvorsprung und besitzen damit »Herrschaftswissen«.

Zu den **Nachteilen des zu geringen Wissenstransfers** zählen:

- höhere Kosten der Informationsbeschaffung an anderer Stelle bzw. Doppelarbeit der Informationsbeschaffung
- möglicherweise entgehende Umsätze, Kosteneinsparpotenziale und damit ein geringerer Gewinn
- für die nicht ausreichend informierten Mitarbeiter ist es demotivierend und damit leistungsmindernd
- Fehlentscheidungen an den Stellen des unzureichenden Wissens

Formen des Wissens

- **Daten** bestehen aus gesprochenen oder geschriebenen Buchstaben, Zahlen oder Sonderzeichen. Eine Ansammlung von Daten kann einen Sinn ergeben oder auch nicht. Die sinnvolle Ansammlung von Daten wird als **Information** bezeichnet. Sofern die Information für jemanden relevant ist, spricht man von **Wissen**. In diesem dreistufigen System ist aus betriebswirtschaftlicher Sicht das Wissen entscheidend. Aus technischer Sicht beschäftigt man sich mit Daten bzw. Informationen (vgl. Kap. 3.2).
- Das **individuelle Wissen** ist das Wissen des einzelnen Menschen.
- Sofern individuelles Wissen im Unternehmen auch anderen Mitarbeitern zur Verfügung gestellt und somit in der Organisation gespeichert wird, spricht man von **strukturellem Wissen**.
- Das in mündlicher oder schriftlicher Form formulierbare und reproduzierbare Wissen wird als **explizites Wissen** bezeichnet. Der Wissende kann sein Wissen mündlich oder schriftlich weitergeben oder in eine Wissensdatenbank eingeben. Der Wissenstransfer ist bei explizitem Wissen relativ einfach.
- Beim **impliziten Wissen** handelt es sich um die Erfahrungen, Erkenntnisse und intuitive Verhaltensweisen von Menschen, die sich nicht so einfach mündlich oder schriftlich ausdrücken lassen. Damit ist auch der Wissenstransfer sehr schwierig. Trotzdem ist es möglich, aber halt sehr aufwendig. Dies zeigt sich bspw. bei einem Handwerker, der seinem Lehrling Handgriffe/Arbeitsschritte zeigt, ohne sie beschreiben zu können oder beim Buchhalter, der seinem Schützling die Eingabe von komplizierten Buchungssätzen zeigt.
- Manchmal werden auch das **undokumentierte Wissen** als implizites Wissen (der Mitarbeiter im Gehirn) und das **dokumentierte Wissen** als explizites Wissen bezeichnet.

3

Instrumente des Wissensmanagements

Für ein erfolgreiches Wissensmanagement können die folgenden Instrumente genutzt werden, die anschließend näher erläutert werden:

- Wissensdatenbank bzw. Data Warehouse
- Lastenheft und Pflichtenheft
- Dokumentenmanagementsystem und papierloses Büro
- Sonstige Instrumente: Bildung von Netzwerken (Internet, Intranet, Extranet), Workshops und Mentorensysteme

Wissensdatenbank

H 2010 I: A3a, 3 Pt.
F 2013 I: A2a, 3 Pt.
F 2014 I: A2b, 3 Pt.
F 2015 I: A6a, 4 Pt.

Das Wissen in Unternehmen sollte gespeichert werden. Hierfür werden Wissensdatenbanken verwendet. Im Bereich der Informationstechnologie wird gerne der Begriff **Data Warehouse** benutzt. In diesen soll das Wissen so wie in einem Kaufhaus gespeichert sein, so dass der Mitarbeiter bei Bedarf auf die für ihn wichtigen Daten zugreifen kann.

Zu den **Vorteilen der Einführung von Wissensdatenbanken** zählen:

- schneller Zugriff auf relevante Informationen
- Wissen geht bei ausscheidenden Mitarbeitern (Rente, Tod, Kündigung usw.) nicht verloren – »das Wissen wird nicht in Rente geschickt«
- einfachere Einarbeitung für neue Mitarbeiter
- einheitlichere Entscheidungen und Arbeitsweisen, dadurch steigt die Prozessqualität
- zielgerichtetes Nutzen von Wissen anderer Mitarbeiter
- Vernetzung des Wissens

Lastenheft und Pflichtenheft

Sofern ein Leistungserbringer (bspw. ein Lieferant) einem Unternehmer eine Leistung erbringen soll, werden die folgenden beiden Begriffe unterschieden:

H 2010 I: A3b, 4 Pt.
F 2013 I: A2b, 4 Pt.

- In einem **Lastenheft** werden die Anforderungen an die zu erbringende Leistung aus Sicht des Unternehmers definiert.
- Im **Pflichtenheft** steht, wie der Leistungserbringer die Leistungen gemäß Lastenheft umsetzen will.

Zu den **Inhalten eines Lastenheftes** (und damit indirekt auch eines Pflichtenheftes zählen):

- zwingend einzuhaltende Anforderungen (Musskriterien)
- zusätzlich gewünschte Anforderungen (Sollkriterien)
- zusätzlich mögliche Anforderungen (Kannkriterien)
- technische Rahmenbedingungen der Leistung (bspw. notwendige EDV-Ausstattung)
- vertragliche/rechtliche Rahmenbedingungen der Leistung (bspw. Garantie und Rücktrittsmöglichkeiten vom Vertrag)
- Anforderungen an Roh-, Hilfs- und Betriebsstoffen sowie Fertigprodukten

Dokumentenmanagementsystem

Als **Anwendungsbereich** von Dokumentenmanagementsystemen zählen:

F 2014 I: A2c, 2 Pt.
F 2015 I: A6b, 4 Pt.

- In einem Dokumentenmanagementsystem werden Dokumente zentral gespeichert und es kann von Mitarbeitern mit entsprechenden Zugriffsrechten darauf zugegriffen werden.

- Dabei kann die Erstellung/Digitalisierung, Archivierung, Suche und Weiterleitung von Dokumenten einfach, schnell und kostengünstig erfolgen.

Zu den **Zielsetzungen der Einführung von Dokumentenmanagementsystemen** zählen:

- Es werden die Kosten gesenkt gegenüber einer analogen Archivierung (bspw. Raum- und Personalkosten). Dem stehen die Kosten des Dokumentenmanagementsystems gegenüber, die aber regelmäßig geringer sein dürften.
- Die Zugriffszeiten auf die Dokumente verringern sich erheblich bzw. sind u. U. erst dadurch möglich (wenn es sich um weit entfernte Standorte handelt).
- Es wird eine einheitliche Archivierung im gesamten Unternehmen möglich, dies erleichtert die Suche bestimmter Dokumente.

Sonstige Instrumente

- Die verschiedenen computerbasierten Netzwerke dienen ebenfalls dem Wissensmanagement. Der Zugriff auf das allgemeine **Internet** ist eine wichtige betriebsexterne Wissensquelle. Wissensdatenbanken werden im betriebsinternen **Intranet** gespeichert. Wissen zwischen Externen (bspw. Lieferanten und Kunden) und dem eigenen Unternehmen kann im **Extranet** gespeichert werden.
- In **Workshops** kann das Wissen zwischen den Mitarbeitern eines Unternehmens oder mehrerer Unternehmen vermittelt und ausgetauscht werden.
- **Mentorensysteme** sind darauf angelegt, das (explizite aber auch gerade das implizite) Wissen erfahrener (bzw. älterer) Mitarbeiter an die nachfolgende jüngere Generation weiterzureichen.
- Abteilungsstammtisch

3.2 Informationstechnologie (IT)

In der gegenwärtigen Zeit ist eine Organisationsentwicklung ohne den Einsatz von geeigneten Informationstechnologien nicht mehr denkbar.

3.2.1 Ziele und Einsatzmöglichkeiten der IT

Zu den Zielen des Einsatzes der IT gehören bspw.:

- Kostensenkung
- Entscheidungsvorbereitung
- Prozessoptimierung und Qualitätsverbesserung
- Managementunterstützung
- Forschung & Entwicklung zu unterstützen

3.2.2 Quellen

Zu den Informationsquellen zählen:

- Die **internen Informationsquellen** stellen Informationen aus dem Unternehmen selbst zur Verfügung. Hier wären bspw. das Warenwirtschaftssystem, Management-Informationssysteme, Unternehmenssoftware und allgemeine Betriebsstatistiken zu nennen.
- Als **externe Informationsquellen** sind Informationen von außerhalb des Unternehmens zu betrachten. Neben dem Internet zählen hierzu Bibliotheken, Messen, Fachtagungen, Forschungsinstitute, Verbände usw. Solche externen Informationen können kostenlos sein (bspw. Broschüren von Verbänden) oder mit erheblichen Kosten verbunden sein (bspw. Auftrag an ein Marktforschungsinstitut)

Hinweis:

Für nähere Informationen sei auf die **Wirtschaftsinformatik** verwiesen.

4 Managementtechniken

4.1 Zeit- und Selbstmanagement

Zeitmanagement-Methoden im Vergleich

Nachdem in den letzten Kapiteln mit den Zielen, der Planung, der Organisations- und Personalentwicklung sowie dem IT- und Wissensmanagement wichtige Elemente/Inhalte des betrieblichen Managements betrachtet wurden, geht es nun um verschiedene Methoden und Techniken des Managements. Zunächst betrachten wir verschiedene Methoden des Zeitmanagements, der Ideen- und Entscheidungsfindung. Anschließend werden das Projektmanagement sowie Gesprächstechniken vorgestellt.

Grundsätzlich geht es beim **Zeitmanagement** darum, die knappe Zeit möglichst optimal einzusetzen. Zeit ist Geld in Form von bspw. Gehältern. Es können u. a. die folgenden Prinzipien des Zeitmanagements unterschieden werden, die anschließend ausführlich erläutert werden:

- Pareto-Prinzip
- ABC-Analyse
- ALPEN-Methode
- Eisenhower-Prinzip

Pareto-Prinzip

H 2010 I: A4, 3 Pt.
F 2013 I: A3, 2 Pt.

Das Pareto-Prinzip ist ein einfaches Prinzip (auch 80/20-Regel genannt) und besagt, ❶ dass die ersten 20 % des gesamten Inputs 80 % des möglichen Outputs erzielen. ❷ Um die restlichen 20 % Output zu erreichen, müssen die restlichen 80 % des Inputs verwendet werden. ❸ Man erzielt mit dem gesamten möglichen Input von 100 % einen Output von 100 %. Somit empfiehlt es sich, sich auf die leicht erzielbaren 80 % des Outputs zu konzentrieren.

4

Auf das **Zeitmanagement** übertragen (bspw. Prüfungsvorbereitung): Mit 20 % des Ihnen möglichen Zeiteinsatzes können Sie 80 % des Ihnen möglichen Ergebnisses erzielen. Um die restlichen 20 % zu erzielen, müssten Sie die restlichen 80 % des möglichen Zeiteinsatzes investieren.

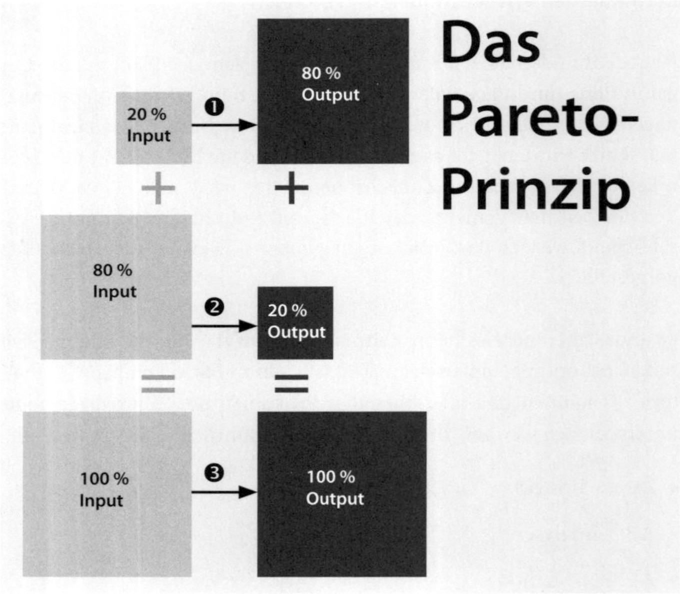

Tipp:

Das Ihnen mögliche Ergebnis sind zwar 100 %, aber nicht zwangsläufig 100 Punkte. Denn nicht jeder ist in der Lage mit 100 % Lernaufwand auch 100 Punkte zu erzielen. Wenn wir davon ausgehen, dass Sie bestenfalls 90 Punkte erzielen können, dann könnten Sie mit einem Zeiteinsatz von 20 % Ihrer Zeit genau 72 Punkte erzielen (= 80 % von 90 Punkten).

Zwar handelt es sich um einfaches Prinzip, bei dem die absoluten Werte (20 % und 80 %) nicht überbewertet werden sollen – evtl. gelten ja auch 30 % und 70 %. Trotzdem ist in vielen Fällen schon was dran, wie Sie evtl. bei der Prüfungsvorbereitung feststellen werden.

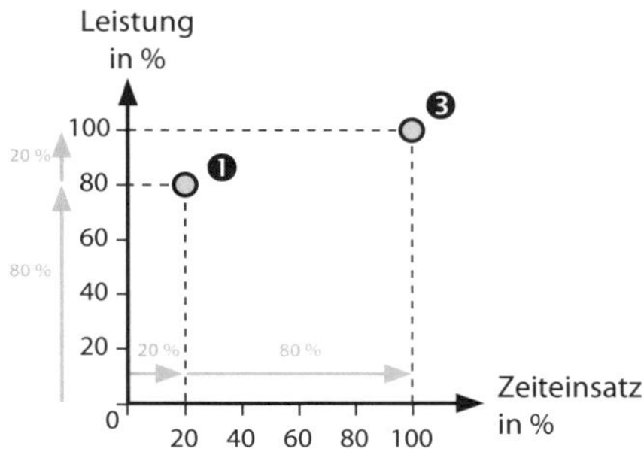

Pareto-Prinzip

ABC-Analyse

Die ABC-Analyse wird in unterschiedlichen Bereichen angewandt und erweitert das Pareto-Prinzip um eine weitere Gruppe. Somit lassen sich die wichtigen, die halbwichtigen und die unwichtigen Dinge beim Zeitmanagement unterscheiden.

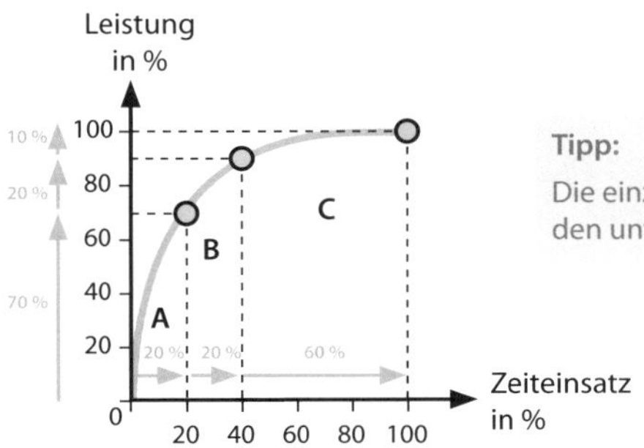

ABC-Analyse

Tipp:
Die einzelnen Prozentsätze werden unterschiedlich angegeben.

Als **Fazit für das Zeitmanagement** können wir schließen:

- **A-Tätigkeiten** benötigen nur einen kleinen Teil der Zeit und erwirtschaften einen großen Teil der Leistung (bspw. Umsatz). Dies könnte bspw. der Verkauf an Großkunden sein. Auf diese Tätigkeiten sollte man sich sofort konzentrieren.

- **B-Tätigkeiten** benötigen ebenfalls einen relativ kleinen Teil der Zeit, erwirtschaften aber viel weniger (bspw. der Umsatz von mittleren Kunden). Diese Tätigkeiten können delegiert werden.
- **C-Tätigkeiten** benötigen viel Zeit und erwirtschaften wenig (bspw. der Umsatz von Kleinkunden). Diese Tätigkeiten können delegiert, aufgeschoben oder gar reduziert werden.

Hinweis:

Eine Anwendung der ABC-Analyse im Bereich der Logistik finden Sie im Fachbuch »F.I.T. zur IHK-Prüfung in Logistik: ...« (ISBN 978-3-943743-15-9).

ALPEN-Methode

Es handelt sich um ein Verfahren, bei dem in schriftlicher Form die Aufgaben mit ihrem Zeitumfang erfasst werden:

F 2013 I: A3, 2 Pt.

A – Aufgaben erfassen
L – Zeitraum abschätzen
P – Pufferzeiten einräumen
E – Entscheidungen treffen
N – (Nach-) Kontrolle

Eisenhower-Prinzip

Das Eisenhower-Prinzip unterscheidet nach den beiden Kriterien **Wichtigkeit** und Dringlichkeit, wobei die Dringlichkeit gegenüber der **Wichtigkeit** nachrangig ist und daher grau gezeichnet wurde.

H 2010 I: **A4**, 3 Pt.

\+ Dringlichkeit –

Wichtigkeit	dringend	nicht dringend
+ wichtig	❶ **wichtig** und dringend = sofort selbst erledigen	❷ **wichtig** und nicht dringend = später selbst erledigen
– unwichtig	❸ **unwichtig** und dringend = delegieren	❹ **unwichtig** und nicht dringend = ablegen (Papierkorb)

Es können die folgenden Verhaltensmaximen abgeleitet werden:

❶ Wichtige und dringende Aufgaben sollten sofort erledigt werden.

❷ Wichtige und nicht dringende Aufgaben sollten später selbst erledigt werden, wobei der Termin genau zu bestimmen ist.

❸ Unwichtige, aber dringende Aufgaben können an verantwortliche Mitarbeiter delegiert werden.

❹ Unwichtige und nicht dringende Aufgaben sind abzulegen bzw. sollten im Papierkorb landen.

Hinweis:

Dwight D. Eisenhower war während der Landung in der Normandie am 06. Juni 1944 (»D-Day«) Oberbefehlshaber der West-Alliierten-Streitkräfte und zwischen 1953 und 1961 US-Präsident.

4

4.2 Kreativitäts- u. Entscheidungstechniken

4.2.1 Problemdiagnosetechniken

Ziel aller Problemdiagnosetechniken ist die Identifikation von Problemen, um diese lösen zu können. Dabei müssen die Ursachen und mögliche Risiken untersucht werden.

Ursache-Wirkungsdiagramm

Nach Kaoru Ishikawa kann ein mehrstufiges **Ursache-Wirkungsdiagramm** erstellt werden, das die Ursachen für ein Problem oder eine wünschenswerte Wirkung in mehreren möglichen Stufen sieht.

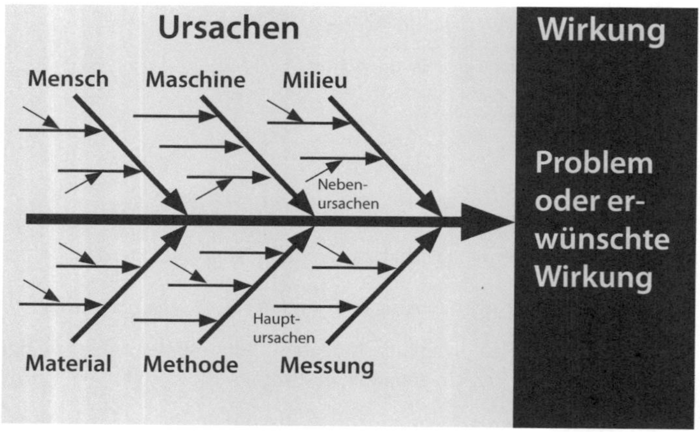

In das Diagramm werden die möglichen Haupt- und Nebenursachen eines Problems/einer Wirkung in Form eines Fischgerippes (daher auch **Fischgräten-Diagramm** genannt) eingetragen.

Hinweis:

Da das Prinzip auch manchmal 4M- oder **6M-Prinzip** genannt wird, steht anstelle von »Umwelt« auch das synonyme »Milieu«.

Fehler-Möglichkeiten-Einfluss-Analyse

Neben der Analyse von möglichen Problemen muss auch das Risiko des Auftretens von Fehlern untersucht werden. Hierfür wird die **FMEA** (Fehler-Möglichkeiten-Einfluss-Analyse) genutzt – bspw. in der Automobilindustrie. Es geht hierbei insbesondere um mögliche technische Defekte und Produktfehler, die es zu vermeiden gilt. Folgende Varianten werden unterschieden:

- **Design-/Konstruktions-FMEA**: Fehleranalyse schon in der Phase der Forschung & Entwicklung von Produkten
- **Prozess-FMEA**: Fehleranalyse bei betrieblichen Prozessen
- **System-FMEA**: Fehleranalyse eines fertigen Produkts (bspw. Automobil) und des Zusammenwirkens der Teilkomponenten

Ziele der FMEA sind:

- Zuverlässigkeit der Produkte oder Prozesse sichern
- Reduzierung von Garantie-/Gewährleistungsfällen
- Senkung der Gefahr von teuren/rufschädigenden Rückrufaktionen

Typischerweise besteht eine FMEA aus den folgenden **Schritten**:

1. Ermittlung möglicher **Einflussfaktoren** (wie bei Ursache-Wirkungsdiagramm: Mensch, Maschine, Umwelt usw.).
2. Identifizierung **möglicher Fehler**.
3. Einschätzung der **Auftretenswahrscheinlichkeit**. Wie wahrscheinlich ist es, dass der Fehler eintritt?
4. Einschätzung der **Bedeutung des Fehlers**.
5. Abschätzung der **Entdeckungswahrscheinlichkeit**: Wie wahrscheinlich ist es, dass der Fehler im Produktionsprozess entdeckt wird?
6. Korrektur- bzw. **Lösungsansätze** zur Vermeidung des Fehlers.

4

4.2.2 Kreativitätstechniken

Zur Sammlung kreativer Ideen gibt es verschiedene Techniken. Welche davon zum Einsatz gelangt, hängt von verschiedenen Faktoren ab:

F 2011 I: A3b, 3 Pt.
F 2013 I: A1c, 2 Pt.
F 2014 I: A1a, 4 Pt.
F 2016 I: A8a, 4 Pt.

- Anzahl der Teilnehmer
- zur Verfügung stehender Zeitraum
- komplexe oder eher kreative Ideen gefragt
- Bereich, für den die Ideen bestimmt sind usw.

Vorteile der Anwendung von Kreativitätstechniken:

- Es kann das Wissen verschiedener Mitarbeiter und Vorgesetzter genutzt werden. Das Potenzial wird besser ausgenutzt.
- Es werden viele kreative Lösungsvorschläge schnell entwickelt.
- Höhere Motivation der Mitarbeiter durch Einbezug in die Ideenfindungsphase.
- Kreativität führt zu Innovationen und damit zu Marktvorsprung.
- Kostenersparnis gegenüber externen Beratern.

Zu den **Nachteilen** zählen:

- Schwerpunkt auf oberflächlicher Betrachtung und einfachen Lösungen.
- Fülle an Ideen, die verarbeitet werden muss.
- Es entstehen u. U. negative gruppendynamische Prozesse bei schlecht zusammengestellten Gruppen.
- Es ist für komplexe Zusammenhänge eher ungeeignet.
- Zudem mag es in der Gruppe Einzelkämpfer/Individualisten abschrecken.

Brainstorming

H 2009 I: A3c, 2 Pt.
F 2012 I: A2b, 3 Pt.

Zunächst wird ein Thema festgelegt (bspw. ein zu lösendes Problem). Anschließend werden alle Mitglieder eine Gruppe dazu aufgefordert, Ideen zum Thema mündlich zu äußern. Die Ideen werden vorläufig unkommentiert gesammelt. Ein typischer Ablauf könnte wie folgt aussehen:

- Begrüßung und Bekanntgabe des Themas sowie der Ziele
- Ablauf und Regeln festlegen
- Ideenfindungsphase – schriftlich oder mündlich
- Zusammenfassung verschiedener Ideen zu Gruppen
- erste Bewertung der Ideen und Aussortierung
- zweite Bewertung der verbleibenden Ideen

Die **Vorteile** liegen a) in der Sammlung vieler Ideen, b) in kurzer Zeit und c) es werden auch vermeintlich ungeeignete Ideen gesammelt und nicht sofort verworfen, die bei näherer Betrachtung gar nicht so ungeeignet sein mögen.

Die **Nachteile** sind: a) Es ist ungeeignet für komplexe Fragestellungen. b) Zurückhaltende Teilnehmer kommen evtl. nicht zu Wort. c) Die Masse an überflüssigen Ideen muss verarbeitet werden, was Zeit kostet.

Brainwriting

H 2009 I: A3c, 2 Pt.
H 2014 I: A6d, 4 Pt.

Eine spezielle Variante des Brainstormings stellt das Brainwriting dar. Hier werden einzelne Ideen auf Karten notiert und gesammelt. Die Auswertung entspricht derjenigen des Brainstormings. Als **Vorteile gegenüber dem Brainstorming** gelten:

- Es kommen nicht nur die üblichen Wichtigtuer zu Wort. Vielmehr können und müssen alle Ideen einbringen.

4

- Zurückhaltende Teilnehmer werden damit eher gezwungen Ideen zu notieren. Sie können sich nicht mehr so leicht zurückhalten.
- Da die Ideen von Anfang an notiert werden, können sie nicht so leicht verloren gehen wie beim Brainstorming.

6-3-5-Methode

H 2009 I: A3c, 2 Pt.
F 2014 I: A1b, 4 Pt.
H 2015 I: A5a-c, 8 Pt.

Die 6-3-5-Methode ist wiederum eine Variante des Brainwritings. Hier werden **6 Teilnehmer** aufgefordert jeweils **3 Ideen** (bspw. Problemlösungsvorschläge) auf einem Zettel zu notieren. Nach jeweils **5 Minuten** werden die Zettel weitergereicht und jeder Teilnehmer ergänzt den Zettel um 3 weitere Ideen oder Anmerkungen zu den vorherigen Ideen. Somit stehen nach 6 Durchläufen auf jedem Zettel $3 \times 6 = 18$ Ideen bzw. Anmerkungen. Für 6 Zettel ergeben sich somit nach nur 30 Minuten $6 \times 18 = 108$ Ideen bzw. Anmerkungen.

Vorteile gegenüber dem gewöhnlichen Brainwriting: Die Weitergabe der Ideen führt dazu, dass Ideen aufgegriffen und verbessert oder ergänzt werden können. Aufgrund von Zeit- und Ablieferungsdruck werden mehr Ideen herauskommen. Das ist aber auch gleichzeitig der **Nachteil**: Unter Druck werden wohl nicht immer die besten Ideen gefunden.

Zu den **Einsatzbereichen der 6-3-5-Methode** zählen bspw.:

- Marketing: Hier können Ideen zu neuen Werbekonzepten, neuen Kundengruppen und neuen Absatzwegen gesammelt werden.
- Forschung & Entwicklung: Ideen zu neuen Produkten oder Produktionsmöglichkeiten können gesammelt werden.
- Beschaffung: Sammlung von Ideen zu neuen Beschaffungswegen oder Lieferanten.

Mind Mapping

Ziel des **Mind-Mappings** ist eine **Mind-Map**. Eine solche Gedächtniskarte in Form eines Baumdiagramms soll Ideen und Gedanken strukturiert und verästelt darstellen und dabei das Hirn anregen, um Kategorien von Ideen oder Begriffen zu bilden. Es ist somit strukturierter als die drei zuvor genannten Kreativitätstechniken, indem eben nicht nur Gedanken gesammelt, sondern auch geordnet und strukturiert werden. Diese Methode kann alleine oder auch in Gruppen angewandt werden. Zur **Vorgehensweise**:

- In der Mitte eines Blattes (auch Flipchart) wird das Thema anhand von Stichworten skizziert.
- Von diesem Zentrum gehen die Oberthemen in Form von großen Ästen in alle Richtungen ab (im Uhrzeigersinn).
- Von diesen Oberthemen verzweigen in kleinen Ästen die Unterthemen oder Begriffe usw.
- Farben, Formen und Symbole verdeutlichen die Begriffe und Kategorien.
- Verbindungslinien zwischen einzelnen Ästen können die Begriffe in Bezug zueinander setzen, führen aber schnell zu einer unübersichtlichen, chaotischen Darstellung.

Der theoretische Hintergrund basiert auf der **Idee der Verknüpfung der beiden Hirnhälften** durch diese Form der Darstellung. Das ist jedoch wissenschaftlich nicht bewiesen und könnte auch durch andere Formen der Darstellung erzielt werden.

Vorteile: Schwerpunkt auf Begriffen erhöht die Übersichtlichkeit, schnell durchführbar, Strukturen/Kategorien von Ideen können genutzt werden.

Nachteile: Da nur Begriffe genutzt werden, fehlt jegliche Erklärung. Komplexe Zusammenhänge lassen sich kaum darstellen. Es wird bei vielen Begriffen dann doch unübersichtlich.

4

Morphologischer Kasten

H 2009 I: A3a-b, 6 Pt.
H 2012 I: A4b, 5 Pt.

Morphologie ist die Lehre von den Strukturen. Dies ist ein Teilbereich sehr unterschiedlicher Wissenschaften.

Der **morphologische Kasten** versucht nun die Strukturen eines Problems in Form der Ausprägungen seiner Merkmale zu kombinieren. Typischerweise wird diese Technik bei der Entwicklung neuer Produkte verwendet. Die Vorgehensweise wird nun anhand eines **Fallbeispiels** klarer (Gestaltung eines Fachbuchs):

Merkmal	1. Variante	2. Variante	3. Variante
Thema	Logistik	Marketing	Management
Typ	Lehrbuch	Zusammenfassung	Prüfungssimulation
Format	DIN A5 hoch	DIN A5 quer	Taschenbuch
Farbdruck?	4-Farbdruck (CYMK)	Zweifarbdruck	S/W
Umfang	knapp (100 S.)	mittel (200 S.)	viel (300 S.)

1. Zunächst werden für ein Problem oder eine Fragestellung (wie hier bei der Einführung eines neuen Produktes) die wesentlichen **Merkmale** ermittelt – in unserem Fall für ein Fachbuch. Diese werden in einer Tabelle als Zeilen eingefügt. Zu den Merkmalen eines Fachbuchs zählen bspw. das Thema, der Fachbuchtypus usw.
2. Dann werden mögliche Varianten des Merkmals (bzw. **Merkmalsausprägungen**) in den Spalten aufgelistet. Für das Format könnte es bspw. das DIN A5-Hochformat sein.
3. Schließlich werden diese **Varianten kombiniert** und jede Kombination stellt eine Lösung dar.
4. Aus den verschiedenen Lösungen wird dann die sinnvollste **ausgewählt**. In unserem Fall wäre es eine knappe Zusammenfassung im Fach Logistik in Form eines S/W-Taschenbuchs.

Zu den **Vorteilen** zählen: (1) überschaubare Variationsmöglichkeiten bei wenigen Merkmalen und Varianten, (2) realistische Ansätze, (3) Erkenntnis über neue Kombinationsmöglichkeiten. **Nachteile** sind: (1) Es gibt keine wirklichen Innovationen. (2) Bei einer zunehmenden Anzahl von Merkmalen und deren Ausprägungen steigt die Anzahl der Kombinationsmöglichkeiten überproportional an und wird unübersichtlich. (3) Die Auswahl bei sehr vielen Lösungen kann zeitraubend sein.

Diese Methode ist nur dann durchführbar, wenn die Merkmale voneinander unabhängig sind und auch umsetzbar sind. In unserem Fall wäre ein weiteres Merkmal Hoch- oder Querformat sinnlos, da es schon im Format integriert ist. Zudem wäre ein DIN A1-Druck zu teuer und daher unrealistisch.

Bionik

Setzt man die beiden Worten **Bio**logie und Tech**nik** jeweils gekürzt zusammen, erhält man das Kunstwort **Bionik**. Diese beschreibt, inwiefern biologische Erkenntnisse aus der Natur in der Technik genutzt werden können. Vielfältige Ideen sind der Natur abgeschaut (bspw. Saugnäpfe und Reptilienfüße). Die Natur bietet uns vielfältige schon erprobte Ideen. Man muss sie nur erkennen. Diese Kreativitätstechnik kann als Ergänzung zu den anderen Ideen hinzukommen oder bei komplexen Problemen auch alleine durchgeführt werden. Gerade das Artensterben führt dazu, dass viele Ideen der Natur für immer aussterben werden.

Hinweis:

Natürlich gibt es noch zahlreiche weitere Kreativitätstechniken, die jedoch im Rahmenstoffplan nicht explizit genannt werden und daher auch nicht alle hier besprochen werden können.

4

4.2.3 Entscheidungstechniken

Entscheidungstheoretische Grundlagen

Mit Hilfe der Entscheidungstechniken sollen rationale und nachvollziehbare Entscheidungen getroffen werden. Somit soll vermieden werden, dass Entscheidungen aus dem Bauch heraus getroffen werden.

Nutzwertanalyse

F 2011 I: A4a-b, 8 Pt.
H 2011 I: A3c, 14 Pt.
H 2015 I: A9a, 12 Pt.
H 2016 I: A6, 12 Pt.
F 2017 I: A3a-b, 7 Pt.

Zur Veranschaulichung der Nutzwertanalyse wählen wir den Fall der Auswahl eines Lieferanten: ❶ Zuerst müssen wir die für uns relevanten Bewertungskriterien auswählen. ❷ Im nächsten Schritt müssen die gewählten Faktoren gewichtet werden. ❸ Für gewöhnlich erhält man hier eine Summe der Gewichte von 1,0 (bei Faktoren) bzw. 100 % (bei Prozentangaben). Bewusst wurde hier ein anderer Wert (24) gewählt.

■	Nutzwertanalyse		Lieferant A		Lieferant B		Lieferant C	
Nr.	Kriterium ❶	Gewicht	Note	Wert	Note	Wert	Note	Wert
1	Preis	❷ 5	❹ 5	❺ 25	3	15	2	10
2	Qualität	5	3	15	4	20	5	25
3	Service	4	2	8	4	16	5	20
4	Garantie	3	1	3	3	9	5	15
5	Zertifizierung	1	1	1	1	1	5	5
6	Umweltaspekte	2	3	6	5	10	1	2
7	Termintreue	4	5	20	3	12	1	4
Σ	Gesamtnote	❸ 24	20	❻ 78	23	83	24	81

❹ Nun müssen für alle Lieferanten Noten vergeben werden. Dabei könnten bspw. Noten zwischen 1 und 5 bzw. zwischen 0 und 100 Punkten vergeben werden. Es muss eindeutig geklärt werden, in welcher Reihung gewertet wird: Sind hohe oder niedrige Noten bzw. Punkte besser oder umgekehrt? In unserem Fall ist die beste Note 5. ❺ Die weitere Vorgehensweise erfordert nun jeweils für alle Kriterien eine Multiplikation der Gewichtungsfaktoren mit den jeweiligen Noten der einzelnen Alternativen. ❻ Zum Schluss wird je Lieferant eine Spaltensumme berechnet. Diese ergibt dann die Gesamtnote. Auch für diese gilt in unserem Fall: je größer desto besser. Sie kann maximal (24 × 5 =) 120 ergeben und muss minimal bei 24 liegen. Es ergibt sich mit Lieferant B ein knapper Sieger. Wären die Faktoren ohne Gewichtung gezählt worden, hätte Lieferant C mit 24 Punkten gewonnen.

In der Praxis wird die Nutzwertanalyse häufig unkritisch angewandt. Es gibt zumindest die folgenden grundsätzlichen **Kritikpunkte**, die auch jeweils Manipulationsmöglichkeiten ergeben:

- Die Auswahl der Kriterien ist mehr oder weniger willkürlich.
- Die Gewichtungsfaktoren sind schwer objektiv bestimmbar.
- Die Noten für die einzelnen Kriterien können subjektiv sein.

Tipps:

(1) In IHK-Prüfungen werden zur Berechnung der Gewichtungsfaktoren gerne Rechenspiele eingebaut, nach dem Motto: »Kriterium 1 wird doppelt so stark wie Kriterium 2 gewichtet ...«. (2) Zudem wird dabei oft zwischen Prozenten und Prozentpunkten unterschieden. 55 % ist 10 % und 5 Prozentpunkte größer als 50 %. (3) Die Nutzwertanalyse wird auch in anderen Fächern Ihrer Prüfung behandelt und geprüft.

Entscheidungsmatrix

F **2010 I: A7a-b,** 8 Pt.
F **2011 I: A4a,** 2 Pt.
F **2015 I: A5a-b,** 9 Pt.

Zwar nutzt auch die Entscheidungsmatrix eine Tabelle, in der mögliche Ergebnisse zu den einzelnen Kriterien stehen. Allerdings wird diese vor allem dann angewandt, wenn keine klaren messbaren Größen vorliegen und es schwer fällt, den Alternativen einen Nutzwert und den Kriterien eine Gewichtung zuzuweisen. Dies könnte bspw. bei der Auswahl verschiedener Strategien gelten. Somit ist die Entscheidungsmatrix die allgemeinere Variante, die mittels der Nutzwertanalyse konkretisiert wird. Zudem wird in der betriebswirtschaftlichen Entscheidungstheorie viel mit Wahrscheinlichkeiten gerechnet.

4

4.3 Projektmanagement

F 2009 I: A3a-b, 10 Pt.
F 2010 I: A4c, 6 Pt.
F 2013 I: A2c, 4 Pt.

Folgende **Merkmale** kennzeichnen/definieren ein Projekt:

- klares Ziel bzw. Aufgabe
- zeitliche Befristung (häufig fester Anfangs- und Endzeitpunkt)
- vorgegebene Mittel (bspw. in Form eines Budgets)
- untypische Tätigkeit (entspricht nicht dem Tagesgeschäft)
- einmaliger Vorgang
- in die Organisation eingebunden
- Zusammenarbeit von Mitarbeitern unterschiedlicher Abteilungen

Zu den **Vorteilen der Projektarbeit** gehören:

- klare Vorgaben (Ziel, Zeitvorgaben und Budget) ergeben eine erfolgsorientierte Vorgehensweise
- gute Möglichkeit zur Personalentwicklung für Führungsnachwuchs durch die Projektleitung Führungserfahrungen zu erlangen
- Wissenstransfer im Unternehmen durch die abteilungsübergreifende Zusammenarbeit
- fördert die Unternehmenskultur positiv durch die Zusammenarbeit
- steigert die Motivation der Mitarbeiter, da sie aus dem Alltagstrott herauskommen

Nachteile bzw. mögliche Probleme der Projektarbeit können sein:

- Je nach Integration der Projekte in die Organisation (vgl. Kap. 4.3.1) kann es zur Überforderung der Mitarbeiter oder zu Abstimmungsproblemen mit den entsprechenden Abteilungen kommen.
- Projekte benötigen viele Ressourcen (Mitarbeiter usw.).

- Zum Teil zu geringe Qualifikation der Projektmitglieder.
- Es können Uneinigkeit bzw. Streitigkeiten bei schlechter Zusammensetzung der Projektgruppe entstehen.
- Sofern zusätzlich externe Berater benötigt werden, entstehen hohe Kosten.

Phasen der Gruppenbildung bei Projekten

H 2009 I: **A9**, 8 Pt.
F 2013 I: **A2d**, 4 Pt.
H 2014 I: **A6b**, 8 Pt.
H 2015 I: **A4c**, 3 Pt.

- **Forming** (Orientierungsphase): In dieser Kennenlernphase entsteht die Gruppe. Die Gruppenmitglieder müssen ihre Rolle und Aufgabe finden und sich mit dieser identifizieren. Es ist jedoch noch kein gegenseitiges Vertrauen vorhanden und Konflikte werden noch gemieden.
- **Storming** (Konfrontationsphase): Früher oder später wird es in der Gruppe zu Machtkämpfen um Status/Rang, Mittel und Kompetenzen kommen. Im Extremfall kann eine Gruppe hier scheitern.
- **Norming** (Kooperationsphase): Nachdem die Machtkämpfe ausgetragen sind, konsolidiert sich in dieser *entscheidenden Phase* die Gruppe durch die Schaffung gemeinsamer Werte und Normen. Es entsteht gegenseitiges Vertrauen und am Ende das prägende Wir-Gefühl.
- **Performing** (Wachstumsphase): Nun sind alle Voraussetzungen geschaffen, damit die Gruppe ihre ganze Energie auf die anvisierten Ziele und Aufgaben konzentrieren kann. Je nach Gruppenzusammenhalt und -identität sind gute Leistungen möglich.

Hinweis:

Dieses Phasenmodell der Gruppenbildung passt auch zum Fach »Führung & Zusammenarbeit« im RSP 9.6. In alten Prüfungen wird es auch nicht einheitlich zugeordnet. Zudem war es auch schon Teil des Fachs »Unternehmensführung« (RSP 4.2.4) der WQ-Prüfungen.

4

Zeitlicher/chronologischer Ablauf eines Projekts

F 2010 I: A4b, 2 Pt.
F 2015 I: A4a, 6 Pt.

- In der **Startphase** werden die Projekte durch die Geschäftsführung, Kunden oder Lieferanten angeregt (initiiert). Zugrunde liegen bestimmte Aufträge, Ideen, technische Entwicklungen oder gesetzliche Änderungen.
- In der Phase der **Projektplanung** (vgl. Kap. 4.3.2) werden die notwendigen Informationen gesammelt. Die Projektplanung bestimmt die Projektziele, den Zeitraum, die Mittel, die Mitglieder und die Ressourcen.
- Zum Start eines Projekts findet eine Zusammenkunft aller Projektbeteiligten statt (**Kick-off-Meeting**), um sich kennenzulernen, Projektziele und Bedeutung hervorheben, Kompetenzen klären usw.
- Die Phase der **Projektsteuerung** (vgl. Kap. 4.3.3) steht für die Umsetzung der Projektziele und der Planungsinhalte. Die Projektleitung trägt die Verantwortung für die Durchführung.
- Zum Schluss findet die **Projektkontrolle** statt. Die Projektergebnisse werden vorgelegt und geprüft. Dazu gehört auch eine **Projektdokumentation** (vgl. Kap. 4.3.4).

4.3.1 Projektorganisation

Faktoren bei der Wahl der Projektorganisation

H 2015 I: A1a, 6 Pt.

- Art (Bedeutung, Umfang und Dauer) des Projekts
- einzigartige oder regelmäßig ähnliche Projekte
- bisherige Organisationsstruktur und Größe des Unternehmens
- Budget und notwendige Ressourcen für das Projekt
- Kapazitätsauslastung der möglichen Projektmitglieder
- Inwiefern wird unterschiedliches Fachwissen aus unterschiedlichen Bereichen benötigt?

4

Reine Projektorganisation

F 2010 I: A4a, 3 Pt.
H 2015 I: A1b, 2 Pt.

Sofern der volle Einsatz der Mitarbeiter erforderlich ist, kann eine **reine Projektorganisation** gewählt werden. In dieser werden die Projekte in Linie (wie Abteilungen) in die Aufbauorganisation integriert.

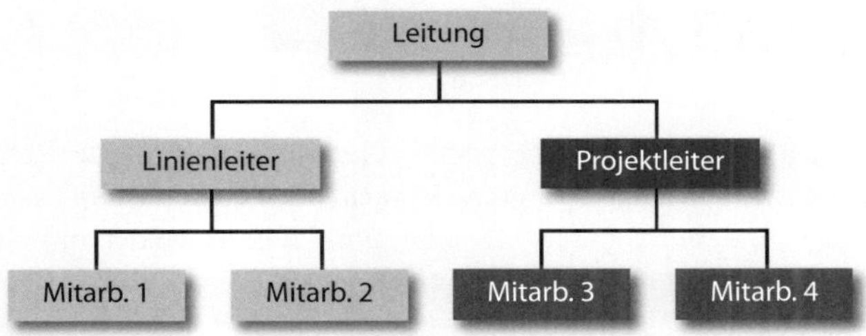

- **Vorteile** sind natürlich die klare hierarchische Einordnung ohne Kompetenzgerangel um die Projektmitglieder, schnelle Reaktionen und kurze Kommunikationswege.
- **Nachteilig** sind die geringere Flexibilität und ggf. höhere Kosten sowie die Schwierigkeiten bei Projektende und der (Wieder-) Eingliederung in andere Abteilungen.

Stab-Projektorganisation

F 2010 I: A4a, 3 Pt.
H 2010 I: A2b, 8 Pt.

Bei der **Stab-Projektorganisation** werden die Projektleiter in Form von Stabsstellen in die Aufbauorganisation integriert. Da diese nur eine beratende Funktion besitzen, haben sie kein disziplinarisches Weisungsrecht gegenüber den Projektmitgliedern, die sich aus unterschiedlichen Abteilungen zusammensetzen.

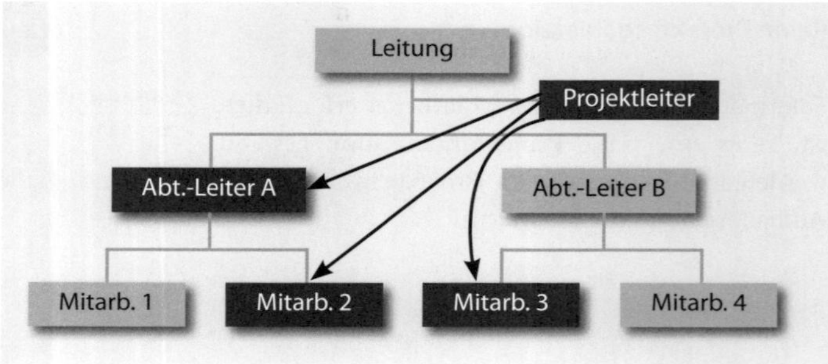

- Zu den **Vorteilen** zählt die größere Flexibilität, da Projekte rasch gegründet und aufgelöst werden können, ohne die Linienorganisation verändern zu müssen. Das dürfte die Kosten senken und die Anpassung bei Projektstart und -ende vereinfachen.
- **Nachteilig** sind die fehlenden Befugnisse des Projektleiters und die Abstimmung mit den Linienleitern der Projektmitglieder. Oftmals zu geringe Kapazitäten für den Projektleiter.

Matrix-Projektorganisation

H 2012 I: A3b-c, 10 Pt.

Sofern in einem Unternehmen ständig Projektgruppen zu bilden sind, empfiehlt sich die **Matrix-Projektorganisation.** Die Projektleiter werden horizontal in der Matrixorganisation den vertikalen Linienleitern gleichgestellt. Somit muss eine Abstimmung zwischen den Linien- und Projektleitern hinsichtlich des Einsatzes der Mitarbeiter erfolgen.

- Zu den **Vorteilen** zählen: Die Mitarbeiter können in der Linien-Abteilung verbleiben und ihrer angestammten Tätigkeit nachgehen, sind aber trotzdem dem Projektleiter zugeordnet. Dies senkt die Kosten und erhöht die Flexibilität und wohl auch die Motivation, da die Mitarbeiter abwechslungsreichere Tätigkeiten haben.
- **Nachteilig** sind die wie bei jeder Matrixorganisation möglicherweise bestehenden Konflikte zwischen Linien- und Projektleitern. Den Mitarbeitern fehlt die klare Zuweisung zu einem Vorgesetzten.

Zudem werden die Mitarbeiter durch die Doppelbelastung häufig überfordert und dann demotiviert.

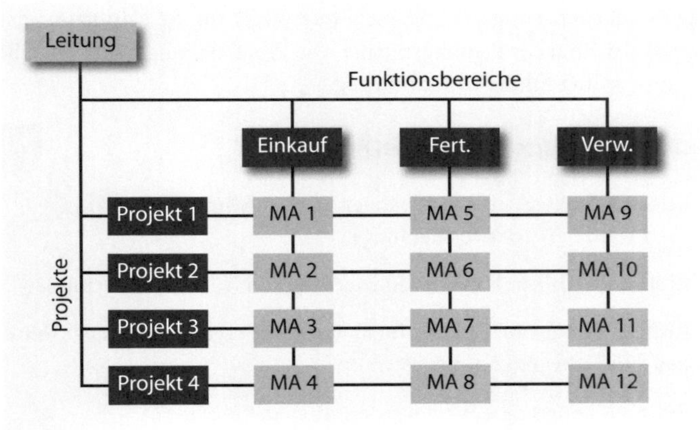

4.3.2 Projektplanung

Inhalte der Projektplanung

- Zunächst sind konkrete Projektziele zu formulieren. F 2015 I: A4b, 4 Pt.
- Der geplante Zeitumfang/Dauer mit ggf. festen Terminen ist zu definieren.
- Zu den Projektmitgliedern und -beteiligten gehören der Projektleiter und sein Team, aber auch diejenigen, die für Koordination und Lenkung der verschiedenen Projekte im Unternehmen zuständig sind.
- Der typische Verlauf eines Projektes wurde oben schon geschildert.
- Schließlich sind das zur Verfügung stehende Budget sowie die notwendigen Ressourcen (Betriebsmittel und Materialien) festzulegen.

4

4.3.3 Projektsteuerung

Die **Projektsteuerung** steht, wie schon erwähnt, für die Umsetzung der Projektziele und der Planungsinhalte. Die Projektleitung trägt dabei die Verantwortung für die Durchführung.

Risikosteuerungsstrategien bei Projekten

F 2015 I: A4c, 3 Pt.

- Zunächst sollten alle überflüssigen Risiken eliminiert werden (Risikovermeidung).
- Bestimme Risiken können reduziert werden (Risikominderung).
- Risiken können auch bspw. durch Versicherungen eingegrenzt werden (Risikobegrenzung).
- Restrisiko muss akzeptiert werden (Risikoakzeptanz).

Gründe für die Akzeptanz von Problemen

F 2015 I: A4d, 3 Pt.

Sofern Probleme bei Projekten auftauchen, kann es aus Sicht des Projektleiters durchaus sinnvoll sein, diese gar nicht zu lösen zu versuchen. Gründe hierfür könnten a) Zeitmangel, b) Ressourcenmangel, c) Konfliktvermeidung, d) zu knappes Budget, e) Folgeprobleme sein. Überwiegen die Probleme allerdings, ist das keine sinnvolle Strategie.

4.3.4 Projektdokumentation

Die Projektdokumentation ist einerseits wichtig um den Ablauf des Projekts nachvollziehen und kontrollieren zu können. Andererseits soll gerade für zukünftige Projekte die Planung vereinfacht werden.

Tipp:

H 2015 I: A2-c, 8 Pt.

Das Thema Projektmanagement bietet sich natürlich geradezu an bei handlungsorientierten Aufgaben. Hier gibt es Aufgaben, die nicht allgemein gelernt werden können, sondern immer sehr fallbezogen sind (bspw. im Herbst 2015).

4

4.4 Gesprächs- und Kooperationstechniken

Ziel dieses Abschnittes ist zunächst die Kommunikationsgrundlagen anhand von zwei Modellen zu vermitteln und anschließend die Anwendung der Kommunikation im unternehmerischen Alltag zu betrachten.

4.4.1 Grundlagen der Kommunikation

Die Psychologie setzt sich im Rahmen ihres Teilbereichs der Kommunikationspsychologie mit Kommunikation auseinander. In verschiedenen Modellen wird die Kommunikation zwischen Sendern und Empfängern analysiert bzw. veranschaulicht.

Kommunikationsmodell nach Schulz von Thun

F 2010 I: A5a-b, 8 Pt.
F 2017 I: A6a, 8 Pt.

Das Kommunikationsmodell nach *Friedemann Schulz von Thun* (auch **Vier-Seiten-Modell** oder **Vier-Ohren-Modell** genannt) findet auf vier Ebenen statt. Der Empfänger muss Aussagen diesen Ebenen zuordnen:

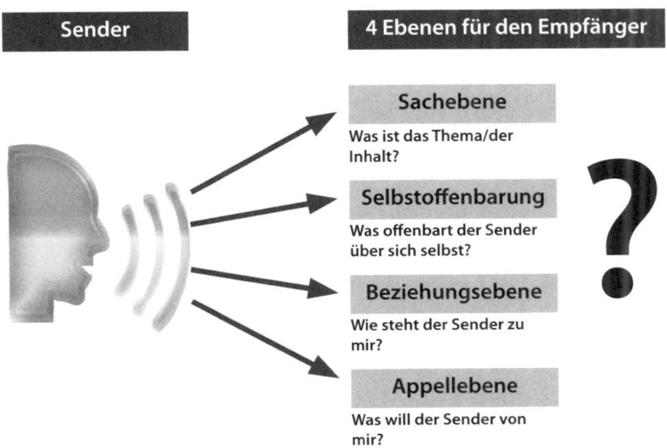

4

- Auf der **Sachebene** werden Sachinformationen (Fakten, Daten) kommuniziert.
- Der Sender gibt auf der **Ebene der Selbstoffenbarung** auch persönliche Informationen weiter.
- Die **Beziehungsebene** vermittelt das Beziehungsgeflecht zwischen Sender und Empfänger. Eine emotionale Beziehung wird durch folgende Faktoren aufgebaut: Körpersprache, Art des Sprechens, Wortwahl, Wahl des Zeitpunkts, eigene emotionale Verfassung.
- Auf der **Appellebene** versucht der Sender den Empfänger zu etwas zu veranlassen (etwas zu denken oder etwas zu tun).

Ziel der praktischen Anwendung ist nun die einzelnen Aussagen von Menschen (bspw. Mitarbeitern, Kunden, Lieferanten) diesen 4 Ebenen zuzuordnen und damit besser verstehen zu können.

Grundzüge der Transaktionsanalyse

Ein weiteres Modell aus der Psychologie zur Analyse der zwischenmenschlichen Kommunikation und der Persönlichkeitsstruktur stellt die **Transaktionsanalyse** dar. Das auf *Eric Berne* zurückgehende Modell ist sehr komplex und wird hier stark vereinfacht wiedergegeben. Die Transaktionsanalyse geht zunächst davon aus, dass jeder Mensch als autonomes Wesen die Fähigkeit besitzt, zu denken, Probleme zu lösen, Verantwortung zu tragen und für sich ein Lebenskonzept zu gestalten. Zur Analyse der Kommunikation unterteilt die Transaktionsanalyse die **Erlebenszustände des Menschen** in drei Gruppen, die er in unterschiedlichen Situationen bevorzugt:

- Die höchste Stufe stellt das **Erwachsenen-Ich** (**ER**) dar. Hier bezieht sich das Denken, Fühlen und Handeln auf die aktuelle Gegenwart und mit Vernunft wird versucht, diese zu analysieren.
- Wenn wir aus der Kindheit abgespeicherte Zustände abrufen, spricht man von **Kindheits-Ich** (**K**). Hier geht es vor allem um emotional verankerte Wünsche.

4

- Sofern Verhaltensweisen von anderen Menschen (prägenderweise vor allem den Eltern) übernommen werden, wird das **Eltern-Ich (EL)** genannt (bspw. nicht selbst reflektierte Denkweisen).

Die entscheidende Frage ist nun, wie funktioniert Kommunikation wenn Sender und Empfänger sich auf verschiedenen Zustandssituationen befinden:

- **Kommunikation auf gleicher Ebene** ist vor allem dann unproblematisch, wenn beide auf der gleichen Ebene oder gar beide auf der Stufe des Erwachsenen-Ichs sind.
- Problematisch ist, wenn sich Eltern-Ich und Kindheits-Ich **kreuzen**, da das Eltern-Ich zur Bevormundung und Fürsorglichkeit und das Kindheits-Ich zur Rebellion neigt.

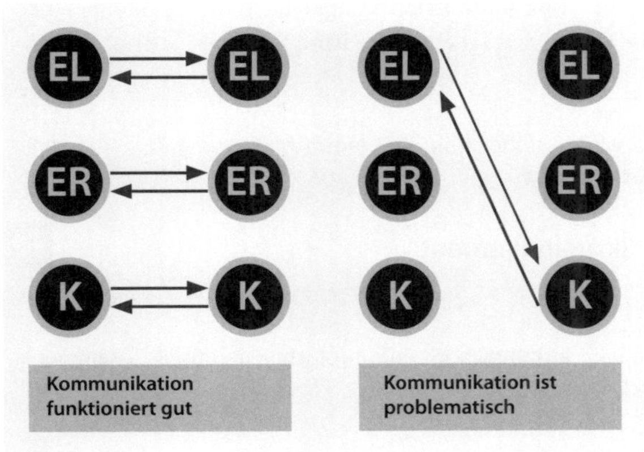

Ziel ist nun **Kommunikationsprobleme** in oder außerhalb von Unternehmen auf beiden Seiten auf diese Zustände hin zu analysieren und ggf. Lösungsschritte einzuleiten, indem eine andere Stufe (Erwachsenen-Ich) gewählt wird.

4

4.4.2 Vortrag und Präsentation

Hinweis:
Dieses Thema wird ausführlich im Prüfungsfach »Führung & Zusammenarbeit« (RSP 9.7) behandelt.

4.4.3 Moderation

F 2012 I: A2a, 6 Pt.

Zu den Aufgaben und Kompetenzen eines Moderators zählen:

- **Aufgaben**: (1) Er lenkt die Teilnehmer zu einer Lösung, ist aber nicht für das Ergebnis verantwortlich. (2) Er trägt die Verantwortung für die Organisation und den Teilnehmerkreis.
- **Kompetenzen**: Kommunikationsfähigkeit, Methodenkompetenz, persönliche Kompetenz, rhetorische Fähigkeiten

Hinweis:
Dieses Thema wird ausführlich im Prüfungsfach »Führung & Zusammenarbeit« (RSP 9.6) behandelt.

4.4.4 Konfliktmanagement

Hinweis:
Dieses Thema wird ausführlich im Prüfungsfach »Führung & Zusammenarbeit« (RSP 9.3) behandelt.

4.4.5 Mediation

F 2012 I: A7b, 7 Pt.

Im Falle einer Konfliktsituation kann ein unbeteiligter Dritter als **Mediator** eine vermittelnde Rolle einnehmen. Ziel ist eine für beide Seiten akzeptable Lösung. Der Mediator muss dabei eine neutrale, vermittelnde Rolle einnehmen, der schlichtet und eine Lösung herbeiführt. Der Vorgang der Mediation kann in fünf **Phasen** untergliedert werden:

4

- **Vorbereitung**: Es müssen zunächst alle relevanten Informationen zum Konflikt durch den Mediator gesammelt und ausgewertet werden.
- **Beteiligte einladen**: Der Mediator lädt die Konfliktparteien zu einem Treffen in einer angenehmen Atmosphäre möglichst auf neutralem Boden ein.
- **Stellungnahme der Konfliktparteien**: Die Konfliktparteien stellen jeweils ihre Sicht der Dinge dar.
- **Lösungsfindung**: Der Mediator sucht zusammen mit den Konfliktparteien nach Gemeinsamkeiten. Daraus leiten sich Lösungsansätze ab, die verbindlich in Schriftform formuliert werden.
- **Schluss**: Der Mediator fasst die Ergebnisse zusammen. Wichtig ist, dass alle Konfliktparteien das Treffen möglichst mit einem positiven Eindruck beenden. Zudem sollte der weitere Weg (zusätzliche Termine) besprochen werden.

4.4.6 Interviewtechnik und Bewerbungsgespräch

Verfahren zur Beurteilung interner Bewerber

H 2013 I: A3b, 2 Pt.

Zur Beurteilung inwiefern interne Stellenbewerber für die Stelle geeignet sind, können folgende Verfahren verwendet werden:

- Einschätzung der Abteilungsleiter
- Auswertung von Potenzialanalysen
- Auswertung von Stärken-Schwächen-Profilen
- Beurteilungsanalyse
- Assessment-Center-Verfahren

4

Assessment-Center (AC)

H 2013 I: A3c, 3 Pt.

In diesen Beurteilungsverfahren werden Gruppen von Bewerbern bzw. Mitarbeitern von mehreren externen oder internen Beurteilenden systematisch verschiedenen Testsituationen ausgesetzt und ein oder mehrere Tage beobachtet. Dabei geht es neben der Problemlösungskompetenz auch um die sozialen und persönlichen Eigenschaften der Kandidaten. Es werden häufig die folgenden **Instrumente/ Übungen** eingesetzt: Präsentationen, Fallstudien, Rollenspiele, Gruppendiskussionen, Postkorbübungen, Interviews oder Situationen unter Stress, Teamübungen, Selbstbeurteilungen, Vorträge der Teilnehmer und Beurteilungen anderer Teilnehmer. Assessment-Center-Verfahren werden sowohl bei der Personalbeschaffung als auch bei der Personalentwicklung eingesetzt.

Vor- und Nachteile der internen Stellenbesetzung

H 2011 I: A3a, 3 Pt.
H 2013 I: A3a, 2 Pt.

Zu den Vor- und Nachteilen der internen Stellenbesetzung zählen:

Vorteile	Nachteile
• günstig und schnell (außer Personalentwicklungsmaßnahmen)	• Nachbesetzung der dann vakanten alten Stelle nötig
• geringeres Risiko, da Bewerber bekannt sind	• nicht berücksichtigte Bewerber werden demotiviert
• geringere Einarbeitungszeit, da der Bewerber das Unternehmen und dessen betrieblichen Abläufe kennt	• ggf. geringe Akzeptanz des Bewerbers als neuer Vorgesetzter
• interne Aufstiegschancen wirken sich insgesamt positiv auf die Motivation der Belegschaft aus	• Betriebsblindheit der internen Mitarbeiter

4

Analyse von Bewerbungsunterlagen

H 2011 I: **A3b**, 3 Pt.
H 2015 I: **A9b**, 3 Pt.

Zu den Bewerbungsunterlagen zählen Anschreiben, Lebenslauf, Arbeitszeugnisse, sonstige Zeugnisse, Zertifikate und Nachweise sowie ein Bewerberfoto. Zu prüfen sind dann: (1) Vollständigkeit, (2) Lückenlosigkeit im Lebenslauf, (3) verständliche Sprache, Stil und Rechtschreibung, (4) äußerer Eindruck. Zu den einzelnen Unterlagen:

- **Anschreiben**: Sind Adresse etc. korrekt? Zur Stelle passende Bewerbung? Wirkt der Bewerber informiert über die Stelle und das Unternehmen?
- **Lebenslauf**: Ist der Lebenslauf lückenlos, fehlerfrei und vollständig? Gab es häufigen Stellenwechsel? Wie flexibel ist der Bewerber?
- **Arbeitszeugnis**: Sind alle Zeugnisse vorhanden? Stimmen Arbeitszeugnisse und Lebenslauf überein? Fehlt etwas, ist es realistisch?

Aufbau des Interviews in 6 Stufen

1. **Begrüßung** bzw. Smalltalk: Auflockerung, Kommunikationsfähigkeit ausloten.
2. **Vorstellung des Unternehmens**, der Abteilung und der Stelle: Selbstdarstellung des Unternehmens, die Vorstellungen des Unternehmens klar darlegen.
3. **Selbstdarstellung des Bewerbers (Werdegang)**: der Bewerber wird durchleuchtet.
4. Fachliche und stellenbezogene **Fragen an den Bewerber**: Kenntnisse, Motivation des Bewerbers erkunden, Eignung des Bewerbers prüfen.
5. **Fragen des Bewerbers**: Informationsdefizite können behoben werden.
6. **Verabschiedung**: erste Auswertung und Besprechung der weiteren Vorgehensweise.

4

4.4.7 Mitarbeitergespräche

Hinweis:

Dieses Thema wird ausführlich im Prüfungsfach »Führung & Zusammenarbeit« (RSP 9.2) behandelt.

4.4.8 Verkaufsgespräche

H 2011 I: A1a-b, 6 Pt.

Verkaufsgespräche werden vor Ort oder via Telefon bzw. als Chat via Internet geführt. Zur Orientierung für die Mitarbeiter werden dabei folgende Instrumente eingesetzt:

- **Stichwortkatalog**: Hier werden stichwortartig wichtige Fachbegriffe und Themen angesprochen, so dass sich der Mitarbeiter vor, während oder nach dem Verkaufsgespräch informieren kann.
- **Skript**: Dabei wird der erwünschte Verlauf des Gesprächs in Form eines Skriptes formuliert. Dies ist vergleichbar mit einem Drehbuch bei einer Filmproduktion. Im Gegensatz zu diesem handelt es sich aber bei einem Verkaufsgespräch um einen Dialog, daher ist eine gewisse Flexibilität erforderlich.
- **zielorientierter Gesprächsleitfaden**: Hier erhält der Mitarbeiter mehr Handlungsspielraum. Es wird ihm nur im Sinne eines »roten Fadens« der grobe Inhalt vorgegeben. Darin werden Nutzenargumente, Hilfestellungen sowie methodische Reaktionen auf Einwände der Gesprächspartner genannt.

Eine **Checkliste für einen zielorientierten Gesprächsleitfaden** könnte dabei folgendermaßen aussehen:

- Situationsbeschreibung und Zielsetzung
- Vorstellung des Unternehmens und Vergleich mit Mitbewerbern
- Darlegung der Vorteile der Produkte und Leistungen
- Behandlung von möglichen Einwänden
- Es handelt sich letztlich um ein Gerüst für einen Gesprächsleitfaden.

A

Anhang A: Fragen/Aufgaben zur Prüfungssimulation

Fallstudie bzw. Ausgangssituation zu allen Aufgaben:

Die *KempELEK GmbH* ist ein innovativer Hersteller von hochwertigen elektronischen Komponenten in Kempten/Allgäu. Das Unternehmen strebt nach hoher Produkt- und Prozessqualität und wurde 1995 von zwei Ingenieuren der Elektrotechnik gegründet:

- Zu den Kunden zählen zahlreiche mittelständische Automobilzulieferer im In- und Ausland (vorwiegend in Ostasien).
- Insgesamt hat das Unternehmen 450 Mitarbeiter (davon 35 Vertriebsmitarbeiter im Ausland).
- Die beiden Gründer und Geschäftsführer sind von ihrer Führungsqualität überzeugt und lassen den Abteilungsleitern wenig Spielraum.
- Für Investitionsvorhaben stehen 5 Mio. € an zusätzlichem Eigenkapital, das die beiden Eigner zuschießen würden, und ein möglicher Kredit der Hausbank mit 10 Mio. € zur Verfügung.
- In jüngster Zeit nimmt die Konkurrenz aus Ostasien zu, die einige Produkte weitgehend kopiert, jedoch günstiger produzieren kann.

A

Prüfungssimulation 1 (insgesamt 40 Punkte)

1. Die zunehmenden Probleme beim Absatz im Wachstumsmarkt in Ostasien führen auch bei den beiden Geschäftsführern zu einem Umdenken. Sie werden als Projektleiter mit der Aufgabe betraut, ein neues Unternehmensleitbild auszuarbeiten. **(Σ = 10 Punkte)**

   a) Erläutern Sie jeweils zwei Chancen und zwei Gefahren, die sich aus einem Unternehmensleitbild ergeben könnten. **(4 Pt.)**

   b) Formulieren Sie drei mögliche Leitsätze eines Unternehmensleitbildes für die *KempELEK GmbH*. **(3 Pt.)**

   c) Leiten Sie für die *KempELEK GmbH* drei konkrete Ziele aus dem Unternehmensleitbild ab. **(3 Pt.)**

2. Zur Ausdehnung der Geschäftsaktivitäten stehen drei alternative Strategien zur Auswahl: **(Σ = 12 Punkte)**

   - Strategie I: neues Werk in Memmingen für Kunden in Europa.
   - Strategie II: neues Werk in der VR China für dortige Kunden.
   - Strategie III: neues Werk in Bulgarien für Kunden in Osteuropa.

   Zur Entscheidungsfindung liegen folgende Informationen vor:

Merkmal	**Strategie I**	**Strategie II**	**Strategie III**
Investitions-volumen	10 Mio. €	6 Mio. €	4 Mio. € (wegen EU-Subventionen)
Vorlaufzeit	12 Monate	10 Monate	18 Monate
zusätzlicher Umsatz/Jahr	15 Mio. €	6 Mio.	10 Mio. €
Konkurrenz	stark	mittel	schwach
logistischer Aufwand	gering	mittel	hoch
Einschätzung der Gründer	mittel	Erfolg versprechend	schlecht

Erstellen Sie eine Nutzwertanalyse und gewichten Sie dabei die genannten Kriterien anhand eines geeigneten Schemas. Fällen Sie eine begründete Entscheidung für eine der drei Strategien.

3. Die zunehmenden Probleme beim Absatz im Wachstumsmarkt in Ostasien führen zur Suche nach neuen Ideen. Zu diesem Zweck sollen Kreativitätstechniken eingesetzt werden. **(Σ = 11 Punkte)**

   a) Stellen Sie zwei Kreativitätstechniken vor. **(4 Pt.)**

   b) Erläutern Sie jeweils zwei Vor- und zwei Nachteile einer von Ihnen beschriebenen Kreativitätstechnik. **(4 Pt.)**

   c) Beschreiben Sie drei betriebliche Funktionsbereiche mit jeweils einem Ziel in denen die Kreativitätstechniken eingesetzt werden könnten, um Lösungsideen für die Problemlage zu finden. **(3 Pt.)**

4. In der Entwicklungsabteilung der *KempELEK GmbH* ist die Stelle des Abteilungsleiters neu zu besetzen. Der langjährige Mitarbeiter *Lars Müller* mit ausgewiesenem Expertenwissen und Personalführungspotenzial bewirbt sich auf diese Stelle. **(Σ = 7 Punkte)**

   a) Erläutern Sie jeweils zwei Vor- und Nachteile der internen Personalbeschaffung. **(4 Pt.)**

   b) Beschreiben Sie drei mögliche Aspekte, die bei der Bewertung und Auswahl der Bewerbungsunterlagen von Bedeutung sein können. **(3 Pt.)**

A

Prüfungssimulation 2 (insgesamt 40 Punkte)

1. Die zunehmenden Probleme beim Absatz im Wachstumsmarkt in Ostasien veranlassen die Geschäftsführung eine SWOT-Analyse durchzuführen. **(Σ = 14 Punkte)**

   a) Beschreiben Sie die grundsätzliche Vorgehensweise bei der SWOT-Analyse. **(2 Pt.)**

   b) Nennen Sie jeweils zwei interne und zwei externe Faktoren, die bei einer SWOT-Analyse untersucht werden könnten. **(4 Pt.)**

   c) Untersuchen Sie die Situation der *KempELEK GmbH* mit Hilfe der SWOT-Analyse. Fügen Sie für jedes der vier Felder eine betriebsspezifische Analyse ein. **(8 Pt.)**

2. In der *KempELEK GmbH* wird nach Meinung der beiden Geschäftsführer zu viel Wissen der verschiedenen Abteilungen nicht weitergereicht und entsprechend genutzt. Daher sollen ein Wissensmanagementsystem und zugleich ein digitales Dokumentenmanagementsystem installiert werden. **(Σ = 10 Punkte)**

   a) Beschreiben Sie vier grundsätzliche Vorteile der Einführung von Wissensdatenbanken. **(4 Pt.)**

   b) Erläutern Sie die grundlegende Anwendung und die Zielsetzung eines Dokumentenmanagementsystems. **(4 Pt.)**

   c) Beschreiben Sie zwei interne Informationsquellen. **(2 Pt.)**

3. Zur Umsetzung der Expansionsstrategie in Europa mit dem Aufbau eines neuen Werkes wird ein geeigneter Projektleiter gesucht. Sie sollen in der Personalabteilung ein Anforderungsprofil in Form einer Entscheidungsmatrix erstellen. **(Σ = 9 Punkte)**

   a) Gestalten Sie ein tabellarisches Anforderungsprofil mit sechs nachvollziehbaren gewichteten Kriterien. **(6 Pt.)**

   b) Erläutern Sie drei Vorteile der Entscheidungsfindung mit Hilfe eines Anforderungsprofils speziell im Personalbereich. **(3 Pt.)**

A

4. Die Personalentwicklung ist von großer Bedeutung. **(Σ = 7 Punkte)**

   a) Erläutern Sie drei Ziele der Personalentwicklung. **(3 Pt.)**

   b) Nennen Sie jeweils zwei Vor- und Nachteile der beiden folgenden Formen der innerbetrieblichen Förderung: Job-Rotation und Job-Enlargement. **(4 Pt.)**

Zeitplanung für die Prüfungsvorbereitung

Viele bereiten sich auf die Prüfung blockweise vor – für jedes Fach bspw. 2 Wochen. **Alternativ** könnten Sie Ihren 5 Prüfungsfächern im HSQ-Teil möglichst frühzeitig jeweils einen festen Wochentag zuweisen. Dann können Sie bspw. immer nur am Montag »**Betriebliches Management**« lernen. Die nächste Möglichkeit ist erst wieder in der Folgewoche – und wahrscheinlich sind es gar nicht mehr so unendlich viele Wochen. Folglich sollte das Lernen an diesem Montag NICHT ausfallen.

B

Anhang B: Lösungen zu den Aufgaben

Prüfungssimulation 1 (insgesamt 40 Punkte)

1. RSP 5.1.1 (Kap. 1.1) **(10 Punkte)**

a) Zu den Chancen zählen: (1) zunehmende Identifikation der Mitarbeiter mit dem Unternehmen, (2) steigendes Image, (3) Abgrenzung von Konkurrenten möglich. Gefahren: (1) unrealistisch, (2) dadurch demotivierend, (3) unglaubwürdig.

b) Mögliche Leitsätze könnten sein:

- Wir bieten unseren Kunden die innovativste Technologie am Markt an.
- Der Kunden mit seinem Qualitätsverständnis steht im Zentrum unseres Strebens.
- Es wird eine offene Führungskultur angestrebt. Jeder kann Ideen und Vorschläge einbringen.
- Ziel der Unternehmensleitung ist auch ein angenehmes und förderliches Betriebsklima für alle zu schaffen.

c) Zu den konkreten Zielen könnten zählen:

- Zur Sicherung der Technologieführerschaft werden jährlich 5 % des Umsatzes in Forschung und Entwicklung investiert.
- Es muss eine engere Zusammenarbeit zwischen der Fertigung und der Schnittstelle zu den Kunden – den Außendienstmitarbeitern stattfinden.
- Installation eines betrieblichen Vorschlagwesens.
- Wir minimieren die Fehler in der Fertigung durch Einführung eines konsequenten Qualitätsmanagements.

B

2. RSP 5.4.2.3 (Kap. 4.2.3) **(12 Punkte)**

Die Gewichtung muss sinnvoll sein, die Benotung von der Richtung klar (hier: 1 ist schlecht, 5 ist sehr gut).

		Strategie I		Strategie II		Strategie III	
Merkmal	**Gewicht**	**Note**	**Wert**	**Note**	**Wert**	**Note**	**Wert**
Investitionsvolumen	**0,10**	**2**	**0,20**	**4**	**0,40**	**5**	**0,50**
Vorlaufzeit	**0,10**	**4**	**0,40**	**5**	**0,50**	**2**	**0,20**
zusätzlicher Umsatz	**0,35**	**5**	**1,75**	**1**	**0,35**	**3**	**1,05**
Konkurrenz	**0,25**	**1**	**0,25**	**3**	**0,75**	**5**	**1,25**
Logistik	**0,15**	**5**	**0,75**	**3**	**0,45**	**1**	**0,15**
Wertung der Gründer	**0,05**	**3**	**0,15**	**5**	**0,25**	**1**	**0,05**
Gesamtnote	**1,00**	**20**	**3,50**	**21**	**2,70**	**17**	**3,20**

Zwar müssen nicht die exakt gleichen Ergebnisse herauskommen. Folgende Aspekte sollten berücksichtigt sein:

- Das Investitionsvolumen sollte unproblematisch sein, da keine neuen Investoren notwendig sind.
- Vorlaufzeit ist auch nicht so kritisch zu betrachten, da kein Fall allzu lange dauert.
- Sowohl der zusätzliche Umsatz als auch die Konkurrenzsituation sind als sehr bedeutsam einzuschätzen.
- Logistik etwas bedeutsamer, Einschätzung der Gründer nebensächlich.

Folglich müssten je nachdem Strategie I oder III herauskommen, aber nicht die von den Gründern bevorzugte Strategie II.

3. RSP 5.4.2.2 (Kap. 4.2.2) **(11 Punkte)**

a) Vorstellung von bspw. Brainstorming und Brainwriting (vgl. S. 61 ff.)

b) Vorteile: (1) in der Sammlung vieler Ideen, (2) in kurzer Zeit. Nachteile: (1) Es ist ungeeignet für komplexe Fragestellungen. (2) Zurückhaltende Teilnehmer kommen evtl. nicht zu Wort. Die Antwort ist auch von der Lösung zu a) abhängig.

c) Der Einsatz von Kreativitätstechniken wäre bspw. in den folgenden Funktionsbereichen denkbar:

- Ziel Forschung & Entwicklung: Entwicklung neuer Produkte mit Technologievorsprung gegenüber den ostasiatischen Konkurrenten.
- Ziel Fertigung: Einsparung von Kosten im Fertigungsbereich.
- Ziel Vertrieb: bessere Marktdurchdringung unserer Außendienstmitarbeiter.

4. RSP 5.4.4 (Kap. 4.4) **(7 Punkte)**

a) Zu den Vor- und Nachteilen der internen Personalbeschaffung zählen:

Vorteile	**Nachteile**
• geringeres Risiko, da Bewerber bekannt sind	• eingeschränkte Auswahl an internen Bewerbern
• geringere Einarbeitungszeit, da der Bewerber das Unternehmen und dessen betrieblichen Abläufe kennt	• ggf. geringe Akzeptanz des Bewerbers als neuen Vorgesetzten der Mitarbeiter der Entwicklungsabteilung
• interne Aufstiegschancen wirken sich positiv auf die Motivation der Belegschaft aus	• Betriebsblindheit des internen Mitarbeiters

b) Zuerst sollte die Form berücksichtigt werden: Sauberkeit, Vollständigkeit. Hat der Bewerber einen lückenlosen Lebenslauf? Wie sieht es mit der Fachkompetenz laut Zeugnissen aus? Passt der Bewerber auf die vorgesehene Stelle? usw.

Prüfungssimulation 2 (insgesamt 40 Punkte)

1. RSP 5.2.3 (Kap. 2.3) **(14 Punkte)**

   a) Die SWOT-Analyse ermittelt die internen Stärken (Strengths) und Schwächen (Weaknesses) des Unternehmens, um daraus zusätzlich eine Strategie hinsichtlich möglicher externer Chancen (Opportunities) und Risiken/Gefahren (Threats) zu entwickeln.

   b) Zu den internen Faktoren zählen: Qualifikation der Mitarbeiter, Finanzkraft, Image, Innovationsstärke. Externe Faktoren sind u. a.: technologischer Wandel, Gesetzgebung, Konkurrenten.

   c) Eine Analyse könnte bspw. wie folgt aussehen:

Perspektive	positiv — Einschätzung — negativ	
interne Faktoren	❶ Strengths = interne Stärken bspw. die Technologieführerschaft, hochqualifizierte Mitarbeiter	❷ Weaknesses = interne Schwächen bspw. Marktferne zu den Wachstumsmärkten in Ostasien
externe Faktoren	❸ Opportunities = ext. Gelegenheiten bspw. Konzentration auf Hochpreissegment	❹ Threats = ext. Bedrohungen bspw. wenn Technologievorsprung gegenüber China sinkt

2. RSP 5.3.1 (Kap. 3.1) **(10 Punkte)**

   a) Vorteile der Einführung von Wissensdatenbanken:

   - schneller Zugriff auf relevante Informationen
   - Wissen geht bei ausscheidenden Mitarbeitern (Rente, Tod, Kündigung usw.) nicht verloren – »das Wissen wird nicht in Rente geschickt«
   - einfachere Einarbeitung für neue Mitarbeiter
   - zielgerichtete Nutzung von Wissen anderer Mitarbeiter

- Vernetzung des Wissens

b) Anwendungsbereich von Dokumentenmanagementsystemen:

- In einem Dokumentenmanagementsystem werden Dokumenten zentral gespeichert und es kann von Mitarbeitern mit entsprechenden Zugriffsrechten darauf zugegriffen werden.
- Dabei kann die Erstellung/Digitalisierung, Archivierung, Suche und Weiterleitung von Dokumenten einfach, schnell und kostengünstig erfolgen.

Zielsetzungen der Einführung von Dokumentenmanagementsystemen:

- Es werden die Kosten gesenkt gegenüber einer analogen Archivierung (bspw. Raum- und Personalkosten). Dem stehen die Kosten des Dokumentenmanagementsystems gegenüber, die aber regelmäßig geringer sein dürften.
- Die Zugriffszeiten auf die Dokumente verringern sich erheblich bzw. sind u. U. erst dadurch möglich (wenn es sich um weit entfernte Standorte handelt).
- Es wird eine einheitliche Archivierung im gesamten Unternehmen möglich, dies erleichtert die Suche bestimmter Dokumente.

c) Die internen Informationsquellen stellen Informationen aus dem Unternehmen selbst zur Verfügung. Hier wären bspw. das Warenwirtschaftssystem, Management-Informationssysteme, Unternehmenssoftware und allgemeine Betriebsstatistiken zu nennen.

B

3. RSP 5.4.2.3 (Kap. 4.2.3) **(9 Punkte)**

a) Es sollten nachvollziehbare Kriterien und Gewichte gewählt werden. Die Bewertung ist hingegen nicht notwendig.

	Gewichtung		
Kriterien	**niedrig**	**mittel**	**hoch**
Führungserfahrung		x	
Projektleitungserfahrung			x
Flexibilität		x	
Teamfähigkeit			x
Organisationsgeschick			x
technisches Grundwissen	x		

b) Zu den Vorteilen zählen: (1) Abgleich von Anforderungen und Qualifikation der Bewerber. (2) Entscheidungen im Personalbereich werden objektiver und weniger von Sympathie geprägt. (3) Es führt zu standardisierten und transparenten Entscheidungen.

4. RSP 5.2.3 (Kap. 2.3) **(7 Punkte)**

a) Zu den Zielen der PE zählen: (1) Die Ausrichtung der Qualifizierung der Mitarbeiter an den aktuellen und prognostizierten betrieblichen Erfordernissen. (2) Ein höheres Qualifizierungsniveau der Mitarbeiter erhalten. (3) Die Fluktuationsrate senken/niedrig halten. (4) Erhöhung der Motivation der Mitarbeiter.

b) Job-Rotation: Als Vorteil gilt die höhere Motivation und Leistungsbereitschaft sowie die steigende Flexibilität und Übersicht der Mitarbeiter. Nachteilig sind die Einarbeitungszeit und deren Kosten sowie die entstehende Unruhe im Unternehmen.

Job-Enlargement: Vorteil: Motivation und Leistungsbereitschaft, besserer Überblick. Nachteile: Mehrarbeit mit steigender Belastung, Überforderung.

Anhang C: Tipps zur Prüfung

Was sollte ich in der Prüfung beachten?

- Suchen Sie vor der Prüfung einen ruhigen Platz im Vorraum und versuchen Sie **innere Ruhe** zu finden. Lassen Sie sich nicht von den unruhigen Zeitgenossen nerven, die vor der Prüfung alle stressen.
- Gehen Sie **entspannt** und ruhig an den Ihnen zugewiesenen Platz.
- Zunächst sollten Sie die **gesamte Prüfung durchblättern**. Es kommt immer wieder vor, dass Prüflinge einzelne Aufgaben auf der letzten Seite nicht lösen, da sie diese übersehen haben – kein Scherz!
- Lösen Sie die Aufgaben eine nach der anderen. Die **Reihenfolge** hierfür ist jedoch egal.
- Alle Aufgaben sollten in den Lösungsblättern **zusammenhängend** gelöst werden.
- Sollten Sie nach der Bearbeitung weiterer Aufgaben noch etwas in eine zuvor gelöste Aufgabe einfügen wollen und es fehlt der nötige Platz, können Sie das natürlich weiter hinten einfügen. **Wichtig:** Sie müssen aber unbedingt in der vorderen Lösung einen Verweis auf die weitere Lösung mit deren Seitenzahl einfügen. Der Korrektor ist eher wohlwollend gestimmt. Sie sollten ihn aber nicht unnötig verärgern.
- Es sollte eigentlich klar sein, dass Sie sich keinen Gefallen tun, wenn Sie dem Korrektor die Arbeit durch **unlesbare oder schlecht strukturierte Lösungen** erschweren.
- Verwenden Sie für jede neue Aufgabe jeweils eine neue Seite.
- Sie müssen die Aufgabennummern auf das jeweilige Blatt schreiben.
- Für gewöhnlich besteht eine Prüfungsaufgabe aus **Teilaufgaben** (a, b, ...). Sie müssen Ihre Lösungen genau diesen Teilaufgaben zuordnen und nicht einfach Aufgabe 3 hinschreiben und alle Teillösungen ohne Teilnummerierung aneinanderreihen. Das wird leider zu häufig gemacht und kann zu Punktabzug führen.

C

10 Tipps zur Fehlervermeidung in Prüfungen

1. **Gehen Sie nur auf den gestellten Arbeitsauftrag ein.**

   Zusätzliches Wissen, das nicht zur Frage passt, interessiert nicht.

2. **Achten Sie auf die Signalworte des Arbeitsauftrags.**

   Die Fragestellung beinhaltet neben sachlichen Informationen auch Signalworte zur Bearbeitung:

   a) »*Nennen Sie ...*«, »*Zählen Sie folgende ... auf ...*« usw.: Sie müssen die Begriffe nur auflisten, ohne diese zu erläutern/beschreiben.

   b) »*Erläutern Sie ...*«, »*Beschreiben Sie ...*«, »*Erörtern Sie ...*« usw.: Hier müssen Sie eben in ganzen Sätzen erläutern, beschreiben usw.

   c) »*Ermitteln Sie ...*«, »*Berechnen Sie ...*« usw.: In diesen Fällen müssen Sie Ihr Wissen anwenden.

3. **Beispiele sind keine Erläuterung.**

4. **Vergessen Sie den zweiten Arbeitsauftrag nicht.**

   Es kommt vor, dass in Aufgaben mehrere Teilaufgaben innerhalb eines Aufgabenteils zu lösen sind. Es erstaunt immer wieder, wie viele Prüfungsteilnehmer den zweiten Teil bei solchen Fragen vergessen.

5. **Achten Sie bei Fragen nach Vor- und Nachteilen darauf, auf wen sich diese beziehen sollen.**

6. **Sie müssen korrekte Begriffe verwenden.**

   Häufig werden ähnlich klingende, aber falsche Begriffe verwendet.

7. **Geben Sie allgemein verständliche Lösungen.**

   Sie dürfen nicht davon ausgehen, dass der Korrektor ohnehin weiß, was gemeint ist, wenn Sie irgendwelche Stichworte geben.

8. **Nutzen Sie bekannte Lösungsschemen (bspw. Nutzwertanalyse).**

9. **Nutzen Sie Ihren gesunden Menschenverstand.**

   Sofern Sie die grundlegenden Begriffe und Modelle gelernt haben, müssen Sie diese in der Prüfung häufig anwenden. Dabei lassen sich viele Aufgaben mit gesundem Menschenverstand lösen.

Stichwortverzeichnis

A

B

C

D

E

F

G

H

I

J

K

L

M

N

O

P

R

S

T

U

V

W

Z

Zu den Fachbüchern des FHS-Verlags

Das Verlagsprogramm bietet u. a. die folgenden Fachbücher:
(Autor ist jeweils Dr. Holger Stöhr)

I. Fachbücher zur Prüfungsvorbereitung: WQ-Teil

Es gibt zum WQ-Teil für Wirtschaftsfachwirte insgesamt 6 Fachbücher!

II. Fachbücher zur Prüfungsvorbereitung: HSQ-Teil speziell für Wirtschaftsfachwirte

1. **F.I.T. zur IHK-Prüfung in Betriebliches Management:** Handlungsspezifische Qualifikationen für Wirtschaftsfachwirte, Würzburg 2017
ISBN 978-3-943743-19-7

2. **F.I.T. zur IHK-Prüfung in Investition, Finanzierung, Kostenrechnung & Controlling:** Handlungsspezifische Qualifikationen für Wirtschaftsfachwirte, Würzburg 2017, **ISBN 978-3-943743-14-2**

3. **F.I.T. zur IHK-Prüfung in Logistik:** Handlungsspezifische Qualifikationen für Wirtschaftsfachwirte, Würzburg 2017,
ISBN 978-3-943743-15-9

Weitere Fachbücher sind in Vorbereitung!

4. **F.I.T. zur IHK-Prüfung in Marketing & Vertrieb:** Handlungsspezifische Qualifikationen für Wirtschaftsfachwirte, Würzburg 2017
– in Vorbereitung!

5. **F.I.T. zur IHK-Prüfung in Führung & Zusammenarbeit:** Handlungsspezifische Qualifikationen für Wirtschaftsfachwirte, Würzburg 2017
– in Vorbereitung!

Nähere Informationen erhalten Sie unter:

www.fhs-verlag.de

Zusatzdatei »Prüfungsstatistik«

Wenn Sie mit diesem Fachbuch zufrieden sind, geben Sie bitte eine faire Rezension bei Amazon ab. Das können Sie auch dann, wenn Sie das Buch nicht dort gekauft haben. Rezensionen sind wichtig und erleichtern unschlüssigen Käufern die Entscheidung.

Als Dank für Ihren kleinen Aufwand erhalten Sie für jede faire Rezension gratis eine **Zusatzdatei »Prüfungsstatistik«** (PDF-Datei, die ich Ihnen per E-Mail zusenden werde) mit jeweils einer großflächigen Übersicht zu dem Prüfungsfach des jeweils vorliegenden Fachbuchs, hier:

5. Betriebliches Management

~~6. Investition, Finanzierung, Kostenrechnung & Controlling~~

~~7. Logistik~~

~~8. Marketing & Vertrieb~~

~~9. Führung & Zusammenarbeit~~

In dieser Übersicht der Zusatzdatei werden **alle bisherigen Prüfungsaufgaben des jeweiligen Prüfungsfachs** den IHK-Rahmenstoffplanpunkten detailliert mit Teilaufgaben und Punkteangaben zugeordnet.

Senden Sie mir hierzu eine Mail an folgende E-Mail-Adresse mit dem Hinweis auf Ihren Namen bzw. Ihr Pseudonym bei www.amazon.de:

stoehr@fhs-verlag.de

Nähere Informationen erhalten Sie unter:

www.fhs-verlag.de

Die meisten Punkte gehen nicht durch fehlendes Wissen verloren, sondern durch falsches Vorgehen in der Prüfung. Lesen Sie die **Tipps** in diesem Fachbuch intensiv durch.